TESTUD DE BEAUREGARD

RÉVOLUTION
INDUSTRIELLE

ENSEMBLE HYDRO-DYNAMIQUE

NOUVEAU MODE D'EMPLOI DE LA VAPEUR

APPLICATIONS

DYNAMIQUES ET PHYSIQUES

Usines, — Chemins de fer, — Marine, — Agriculture,
Chaleur économique pour toutes industries,
Chaleur en grand pour la germination :
Agriculture, — Horticulture.

Prix : 3 francs.

EN VENTE
AU BUREAU DE LA PUBLICATION SCIENTIFIQUE DES LETTRES-CAUSERIES
Paris, 162, rue Lafayette,
ET DANS TOUTES LES LIBRAIRIES

RÉVOLUTION
INDUSTRIELLE

RÉVOLUTION
INDUSTRIELLE

NOUVEAU MODE D'EMPLOI DE LA VAPEUR

PRIORITÉ (Patentes, Brevets) :
EN FRANCE, ANGLETERRE, BELGIQUE, AUTRICHE,
ALLEMAGNE, ESPAGNE, ITALIE ET AMÉRIQUE

PAR

F. TESTUD DE BEAUREGARD

AVEC APPRÉCIATIONS DE

M. Bougarel, garde-mines, expert près les tribunaux,

L. Poillon, ingénieur des Arts et Manufactures,
ancien élève de l'Ecole centrale, ex-constructeur et professeur
à l'Institut industriel du Nord de la France,

M. Jules Armengaud jeune, ingénieur,
ancien élève de l'Ecole polytechnique, membre du Jury
à l'Exposition de 1878,

ET DE

M. Boursier, ex-ingénieur expert de l'Etat,
service maritime de Marseille,
contrôleur du service mécanique de l'administration du timbre.

SENLIS
IMPRIMERIE ERNEST PAYEN, PLACE DE L'HÔTEL-DE-VILLE

1879

AVANT-PROPOS

Au lecteur.

> Le passé de l'homme est la pierre de touche qui permet l'appréciation du présent et les probabilités de l'avenir.

Extrait de la publication des Lettres-Causeries (1er n°, 25 janvier 1868) :

« *Je dirai ce que j'ai appris, ce que m'a dé-*
« *voilé l'observation et naïvement ce que je sais.*
« *Pour le lecteur, ce désir sera tellement appa-*
« *rent, qu'il m'accordera son indulgence.*

« *Quelques mots encore... Un souvenir.*

« *C'était le* 15 *février* 1867, *plusieurs ouvriers*
« *quittaient l'atelier, je lus sur un livret resté*
« *ouvert, cette formule habituelle : Sorti de nos*
« *ateliers, libre de tout engagement. Cela me*
« *fit songer... Lorsqu'à mon tour, je sortirai de*
« *cette grande usine, où tout se fait, se défait et*
« *se refait sans cesse, pourra-t-on, de même*

« *qu'à ce travailleur, inscrire sur mon livret*
« *définitif : Sorti libre de tout engagement.*
« *Encore une fois efforçons-nous d'être utiles.* »

Ce *desideratum*, l'ai-je réalisé?

1842.

Première demande en priorité, décrivant un appareil ayant pour but la solution facile et commode du gaz acide carbonique. (Point de vue hygiénique).

Ce premier brevet sous le titre de GAZATEUR fit l'objet d'une importante exploitation.

21 Juin 1845.

Demande en priorité pour un nouveau MODE DE DISTRIBUTION dans les machines à vapeur (Etudes dès longtemps commencées). Le mouvement rectiligne alternatif du tiroir, changé en mouvement alternatif curviligne. Ce perfectionnement était certainement un premier pas accompli vers les grandes lumières d'admission et d'échappement qui se font aujourd'hui (Machines Farcot, Le Gavrian, Corliss, Ingliss, etc.); c'était un pressentiment, et plus encore, puisque l'exécution en a consacré l'utile réalisation.

21 Avril 1846.

Dépôt du projet (exécution s'en est suivie) de

la MACHINE ATMOSPHÉRIQUE que les lecteurs de notre publication connaissent. Cette machine basée sur la dilatation des gaz fixes (côté positif) opérait par détente sur l'un des côtés du piston, tandis que l'autre (négatif) était soumis à une dépression atmosphérique égale à $0^{m}.65$ de mercure environ, sous l'empire de la même loi (dilatation) y compris l'absorption du gaz comburant, cause fondamentale de l'expansion obtenue. Ajoutons, pour faire saisir l'ensemble de cette machine, que l'air employé comme moteur était préalablement refroidi et saturé d'humidité, obligé qu'il était de traverser un réseau capillaire (éponge semi-plongée dans un bain d'eau froide).

L'économie de combustible comparée aux effets identiques obtenus par la vapeur a été remarquée.

18 Décembre 1846.

INJECTEUR PNEUMATIQUE appliqué à la coloration et à la conservation des bois. Ce brevet fut exploité en grand par M. Renard-Perrin.

Passé à l'état classique, il entre comme sujet dans les cours spéciaux. Il est chaque année rappelé dans les leçons données au Conservatoire des Arts et Métiers.

20 Mars 1848.

Premier dessin de la machine PNEUMATO-SPHÉROIDALE, assez connue de toutes personnes que la marche du savoir intéresse pour nous dispenser d'en donner ici une description, même sommaire.

Etudes des joints en présence de vapeur à haute température : première application de l'AMIANTE, substitué à l'étoupe.

Pour renseignements, consulter la presse de cette époque (1).

Même Année.

POMPE D'ÉQUATION. — PREMIER APPAREIL ACCUMULATEUR, dont l'utilité vient d'être signalée par récompense hors ligne, à notre dernière Exposition (1878).

---

(1) Nous extrayons du journal *la Presse*, du lundi 16 octobre 1848, numéro 4496, ces quelques mots d'un long article sur la machine sphéroïdale, signé du nom sympathique et autorisé (*abbé Moigno*). Dans cet article il est dit : « Quelques jours encore et une machine fixe de 10 chevaux à générateur Testud, fonctionnera dans une des plus grandes usines de la Belgique, et une locomotive construite dans le même système jettera un courageux défi à toutes les locomotives anciennes, et, par les soins du capitaine Chamier, une machine de 400 chevaux armera l'un des plus gigantesques paquebots de l'Océan.

« Tout alors sera dit, et la France couronnée d'une gloire nouvelle se montrera reconnaissante envers ses deux enfants Boutigny et Testud de Beauregard. »

A cette Exposition, Congrès du Génie civil, j'eus l'honneur d'être nommé Secrétaire. (3e Section mécanique). Ce fut haute récompense pour moi, lorsqu'à la séance solennelle, faisant retour sur le passé, le général Morin se souvint du jeune homme, de son travail (1).

De 1848 a 1849.

Etudes et expériences sur l'ETAT SPHÉROIDAL — les résultats fructueux que l'industrie en a retirés. (*Dépôts de plusieurs additions*) (2).

---

(1) Précédemment (1872) j'avais été nommé membre du Jury des récompenses.

(2) Le principe de ces générateurs, décrit dans les *Lettres-Causeries* avec plans explicatifs, repose sur l'instantanéité de transformation du liquide en vapeur à l'aide de volants calorifiques, bains métalliques (étain, bismuth, plomb, zinc, antimoine, etc., etc.). Le liquide restant au dessous du point d'ébullition (96° 5) tandis que la vapeur dégagée, prend instantanément une haute tension thermométrique (230° et 320°) points de liquéfaction de l'étain et du plomb, métaux adoptés pour marche constante. L'économie qui résulte du non-emmagasinement de la chaleur dans le liquide vaporisable, et des sommes différentielles de calories pour atteindre une pression manométrique donnée, recevait application pratique dans les chaudières sphéroïdales dont les grilles ne présentent en surface que le quart de celle qui est formulée pour les chaudières ordinaires.

Dans les écoles supérieures ou professionnelles, il est

De 1849 a 1850.

LE VIN. — Ses diverses essences. — Son altération. — Son vieillissement. — Etudes chimiques. — Application de la chaleur, préconisée depuis par *M. Pasteur*, de l'Institut.

Etudiant les lois qui régissent et pour imiter la nature, nous avons décrit une dualité d'action pour le vieillissement des vins et alcools, sous l'impression simultanée de la chaleur et d'un courant électrique.

Vers cette époque j'écrivais : c'est sous l'influence de la lumière et de la chaleur solaire que se transforment la plupart des mucilages végétaux en mucoso sucré; on peut donc, lorsque l'année a été froide ou pluvieuse, que le jus du raisin est pauvre en sucre, en ajouter au sortir du pressoir avant la fermentation, rendant ainsi au vin la lumière et la chaleur qui lui ont manqué.

Dans l'acte de la fermentation, le sucre se transforme en alcool, le vin ainsi devient

---

consacré chaque année, une ou plusieurs leçons à cette étude. Au reste, beaucoup d'ouvrages relatent ce travail, entre autres le *Génie industriel* de MM. Armengaud frères ; le *Dictionnaire des Arts et Manufactures,* de M. Ch. Laboulaye, etc., etc. Voir rapport de M. Devaux, inspecteur-général des mines. (Annales des travaux publics de Belgique, 2 août 1851).

généreux. Ce fut à ce moment-là lettre-morte, mais non travail et expérimentation perdus, puisque dans le *Journal des Fabricants de sucre*, dirigé par M. M.-B. Dureau, on lit dans le nº du 26 mars 1879, un article Premier-Paris ainsi conçu : « Le rapport de la commission de la Chambre des Députés sur le vinage et le sucrage des vendanges a été déposé, et la discussion ne peut tarder à s'engager sur cet important sujet. »

De 1851 a Janvier 1860.

Etudes photographiques, PHOTOCHROMIE, Coloration solaire. Harmonie des nuances naturelles obtenues par une seule exposition à la lumière. Présentation aux Sociétés savantes de spécimens de différentes couleurs monochromes et polychromes. Communication des tableaux indiquant l'altération sous l'influence de la lumière, des sels chimiques, matières animales et substances végétales, entre autres, la chlorophylle (1) qui, mélangée avec cer-

(1) Chlorophylle — non la liqueur végétale, empreinte déjà de rayons lumineux et accusant par ce fait un *vert* plus ou moins foncé, mais bien la chlorophylle non altérée, circulant dans le tissu végétal, née et recueillie à l'abri des rayons lumineux, la chlorophylle incolore qui au soleil verdit toute végétation. Il y a là un fait qui pour la science offre intérêt.

tains sels, ayant pour base le chlore, le brôme ou l'iode, donnent des colorations diverses répondant à la nature des sels et en raison des proportions du mélange, tenant compte du temps nécessaire à l'obtention de telle ou telle nuance. Ces spécimens ont figuré dans presque toutes les expositions. Récompenses ont été décernées. Dépôt au Ministère d'épreuves diversement colorées (1). PHOTOTYPIE, PHOTOGRAPHIE. Substitution du carbone aux sels d'argent. Premières épreuves données au Carbure de fer (mine de plomb). SCULPTOPHOTOGRAPHIE. Reproduction par la lumière en creux ou bosse (bas-reliefs).

Pour renseignements, voir les rapports de la Société française de photographie (présidence de M. Regnault, de l'Institut) et publication des *Lettres-Causeries* n°s 29, 41, 85, 92.

5 Juin 1860.

SOUFFLERIE AERHYDRIQUE. — Etude du jet de vapeur. — Appareil aspirateur. — Application de la vapeur (haute température) à la combustion. (Première expérience et constata-

---

(1) Nous profitons de cette occasion pour exprimer notre gratitude et nos remerciements à M. Ed. Becquerel, pour les bons et utiles conseils qu'il a bien voulu nous donner.

tion d'un phénomène resté inexpliqué jusqu'à ce jour. (Voir L.-C. n°s 15, 53, 75, 206, 217.)

En expérimentant aux fourneaux et cubilots directement animés par la vapeur à très-haute température, je constatai un fait important pour les industries métallurgiques : la décarburation de la fonte, transformée en acier, en fer doux.

Cette observation m'amena à construire un appareil de décarburation sur de nouveaux principes. Dans une poche de fonderie d'assez grande contenance était de la fonte en fusion, la plus chaude possible, un mélange de vapeur à très-haute température additionnée du tiers de son volume d'oxygène était insufflé à l'aide d'ajutages calculés, sous une pression d'une ou deux atmosphères, par un tuyau réfractaire, qu'on faisait instantanément plonger dans le métal en fusion; aussitôt la fonte s'enflammait, projetant nombre d'étincelles, et, dans un espace très-court, la combustion du carbone s'effectuait, la fonte s'était transformée en acier, avec élévation de température.

Malgré la réussite obtenue, ce fait est resté sans application à l'état d'expérience.

Avec la vapeur désaturée, avec la soufflerie aérhydrique et l'hydrogène enflammé créant ainsi un chalumeau industriel de grande dimension, nombre d'essais me furent demandés. C'est en raison de ce fait que j'ai pu exposer des terres et des porcelaines cuites à l'aide de cette puissante production de chaleur, la dorure et la peinture sur porcelaine, fusion des émaux, dorure sur verre, etc., etc., la réduction des minerais de plomb directement obtenue par la flamme de l'hydrogène et des courants de ce gaz à haute température, mais non enflammé (1).

Nombre de ces expériences sont consignées dans la publication des *Lettres-Causeries*.

JUIN 1860.

Expériences et études sur la VAPEUR A TRÈS HAUTE TEMPÉRATURE. Observation sur les phénomènes dus au mélange de la vapeur avec les fluides extensibles. — Production de la vapeur de 800 à 2,000 degrés dans des surchauffeurs en platine, avec foyers à oxygène pur. — Production de vapeur lumineuse sans qu'il y ait combustion ni décomposition. — Etudes au *microscope* de la vapeur saturée ou désaturée à basse, moyenne ou haute température, à l'aide d'appareils *ad hoc*. (Voir L.-C. nos 23, 170, 171, 238, 244).

---

(1) De même pour les minerais sulfurés de cuivre, d'étain, de zinc, de cobalt, d'antimoine.

1er JUILLET 1860.

Machine PNEUMATO-CALORIFIQUE. — Première démonstration d'un condensateur à surface réfrigérante, généralement employé depuis par la marine de l'Etat, du commerce et par nombre d'industries. — Utilisation des vapeurs perdues à l'aide d'un nouvel appareil appelé RÉGÉNÉRATEUR, dont l'industrie a apprécié les avantages en en généralisant l'emploi. Ce principe a donné naissance à plusieurs brevets similaires, entre autres celui de M. Chevalier, constructeur à Lyon.

AOUT 1860.

Vapeur désaturée. — Adoption générale de ce terme dans le langage scientifique. — Etudes et expérimentation d'un APPAREIL-SURCHAUFFEUR à volant calorifique ayant pour but la dilatation et l'augmentation de l'élasticité dans les gaz ou vapeurs. — Transformation du calorique latent en chaleur sensible. — Economie du nombre de calories dans la TRANSFORMATION EN FORCE MÉCANIQUE.

Moteur pneumato-calorifique de 20 chevaux animant les ateliers de la rue Lafayette. — Description. — Marche. — Etudes et observations (publiées). — Applications (marine, chemins de fer, industrie). — Impossibilité réelle d'explosion. — *En France, dispense officielle des essais et du timbre exigés par les ordonnances ministérielles.*

SEPTEMBRE 1860.

Application de la vapeur désaturée. — PANIFICATION. — Résultats obtenus. — Fours de toutes contenances, cuisson complète s'effectuant dans un laps de temps de 8 à 14 minutes. (Voir rapports dans la presse de cette époque).

ANNÉE 1861.

APPAREIL PURGEUR, destiné à éliminer dans la vapeur le liquide produit par refroidissement (condensation).

ANNÉE 1862.

THERMOSTABLE. — Appareil basé sur la fusion des métaux, faisant office de pyromètre point de repère exact, destiné à mesurer la température des fluides à tensions thermométriques élevées.

30 JUIN 1863.

Etudes sur les HYDRO-CARBURES. Appareil de décomposition. (Action directe du calorique). — Épuration. — Isolement des sous-produits.

14 Juin 1864.

Perfectionnement de l'APPAREIL-SUR-CHAUFFEUR à volant calorifique.

Décembre 1864.

SOUFFLERIE ASPIRANTE. — Fusion des métaux réfractaires obtenus dans les hauts fourneaux et cubilots, sous l'impulsion directe de la vapeur désaturée à haute température. Ces expériences furent faites avec le concours de *M. Le Chevalier*, directeur de la fonderie Ve Lt Thiébault. *(Application généralisée en Angleterre).* (Voir L.-C. Description et procès-verbaux).

Même Année.

FOYER-GAZ. — Transformation en fluides élastiques de tous combustibles. Première utilisation de la chaleur SOUS VOLUME CONSTANT.

21 Aout 1865.

Perfectionnements dans l'APPAREIL DE DÉCOMPOSITION, désigné plus haut. — Distillation directement produite par le feu. — Renversement du mode ordinaire de combustion.

Septembre 1865.

APPAREIL DE RECTIFICATION, basé

sur une nouvelle utilisation de la chaleur, au point de vue de la vitesse d'écoulement des vapeurs, des liquides et des gaz, produits de la combustion. — Distillation continue avec faculté de fractionnement *ad libitum*.

NOVEMBRE 1865.

ÉTUDES DE LA MEILLEURE COMBUSTION. — Foyer sans fumée. — Continuation des expériences publiques dans l'usine de la rue Lafayette.

JANVIER 1866.

FOYER RATIONNEL. — Perfectionnement du foyer sans fumée. — Renversement dans la marche de la combustion usuelle. — Etude et analyse des gaz produits. (Voir L.-C. n°s 187, 211, 346).

NOVEMBRE 1867.

Générateur méthodique appelé NOUVELLE CHAUDIÈRE, fournissant simultanément de la vapeur saturée et désaturée sous une même tension manométrique. — Etude du meilleur emploi de l'oxygène de l'air. Répartition et diffusion préférables de la chaleur obtenue dans le sens vaporisation, force.

DÉCEMBRE 1867.

ALIMENTATEUR par la vapeur désaturée.

— Appareil calqué sur le type dit bouteille alimentaire, prenant le liquide froid et le portant instantanément à plus de 90° dans un récepteur *ad hoc*, placé au-dessus de la chaudière et permettant ainsi l'écoulement du liquide, sous la pression manométrique de la dite chaudière, en raison des besoins de l'alimentation. Cet appareil s'est répandu dans l'industrie sous le nom d'*alimentateur à niveau constant*.

25 Janvier 1868.

Création du journal hebdomadaire les LETTRES-CAUSERIES, en cours de publication aujourd'hui (douzième année). — Exposition de théories diverses de la chaleur et proposition d'une théorie nouvelle tendant à prouver que ce n'est pas la chaleur du soleil que nous ressentons dans les rayons lumineux, mais bien celle qui s'exhale et qui est propre à notre planète, répulsée par les rayons calorifiques solaires. (Exposition, discussions. Voir L.-C. n°s 51, 60, 65, 68, 90, 137).

Ayant eu à étudier et analyser des engrais, j'écrivis la pensée suivante que le temps depuis a justifiée : « Un jour viendra où ce ne sera plus au hasard que nous aiderons à la fécondité de la terre, nos engrais ne seront plus seulement des matières quelconques, riches d'azote, non, le savoir présidera à cet important travail d'incessante transformation; demain, un engrais spécial s'appliquera à telle récolte, permettant ainsi à telle ou telle plante de s'assimiler la substance qui lui est nécessaire.

C'est la voie dans laquelle on vient d'entrer, voie féconde que l'expérience consacre d'année en année.

14 Aout 1868.

Nouvel appareil de décomposition. — Utilisation directe du calorique développé par la combustion. — Nouvel appareil permettant de ne plus transformer les huiles en gaz fixes et de recueillir sans pertes les sous-produits.

Même Année.

AÉRATION. — Appareil destiné à l'épuration et à l'abaissement de température de l'air. Etudes (1). (Voir L.-C. n°s 2, 6, 17, 19).

30 Septembre 1868.

NOUVEAU MODE DE PROPULSION. — Utilisation directe des forces vives de la vapeur

---

(1) Depuis, ce principe a été utilisé dans l'industrie pour refroidir l'air ambiant et le saturer d'humidité dans le travail du tissage.

saturée ou désaturée. — Puissance, mouvement, obtenus par la réaction du liquide au sein du liquide. — Application de l'aspirateur (1) comme appareil refouleur, propulseur, remplaçant par ce fait roues à palettes et hélices.

23 Juin 1869.

VAPEUR DÉSATURÉE. Haute température. — Brevet tendant à généraliser les appropriations physiques et les applications qui en ressortent, plus spécialement la dessication des sulfates de chaux (plâtre), protoxyde de calcium (chaux), élimination de l'eau de cristallisation, production de sels à l'état anhydre.

2 Février 1870.

Etudes rétrospectives. — EXPLOSIONS — leurs causes — moyens de les prévenir — indices précurseurs — tableaux publiés à cet égard. — Trois APPAREILS DE SÉCURITÉ, basés sur les inéquilibres de la chaleur dans un même milieu. La chaleur étant la cause primordiale de toute explosion, ces appareils diffèrent de ceux dits de sûreté qui n'obéissent

(1) Le principe de ces appareils a été maintes fois utilisé depuis pour l'obtention d'autres brevets, particulièrement ceux pris par MM. Koerting et Ce. (Lire la communication faite par M. Ch. Boivin à la Société industrielle du Nord de la France.)

qu'à la pression de la vapeur, c'est-à-dire à l'effet produit; ils complètent donc ces derniers en dénonçant les phénomènes ressortant directement de la cause... la chaleur. Une autre cause, l'électricité, est également conjurée à l'aide des pointes de Franklin; enfin ces appareils sont avertisseurs et, grâce à ce fait, peuvent enrayer la marche des explosions fulminantes, et conjurer les désastres. — Publication de l'ECOLE DES CHAUFFEURS (1), livre tendant à développer et à augmenter les connaissances nécessaires aux Chauffeurs et Conducteurs de machines.

Siége de Paris

Production du charbon de bois en vase clos par la vapeur désaturée pour les arsenaux et besoins domestiques. — Etude d'une NOU-

---

(1) Vers 1860, sous l'empire de cette pensée que les expériences faites journellement dans l'usine pouvaient être profitables pour les hommes appelés à conduire chaudières ou machines à vapeur, j'eus l'idée de fonder une Ecole pratique pour les Chauffeurs, où par suite d'examens il serait décerné diplômes, médailles, etc. Depuis, cette idée féconde a pris essort; nous la trouvons réalisée dans le Syndicat des Chauffeurs, Mécaniciens, Conducteurs de machines du département de la Seine, où M. Bougarel et moi avons l'honneur de faire chaque vendredi *un Cours professionnel*, à la Mairie du IVe arrondissement.

VELLE MONGOLFIÈRE. **Ballon sans gaz** hydrogène pouvant s'élever ou s'abaisser *ad libitum* à l'aide de sommes de chaleur spontanément déversées par le simple jeu de robinets. (Mélange d'air et de peu de vapeur désaturée à très-haute température. Voir L.-C., année 1874).

8 NOVEMBRE 1873.

FABRICATION DE L'IODE. — Traitement en grand par voie sèche à l'aide de la transformation de la vapeur désaturée en hydrogène et par voie humide sous l'impulsion des aspirateurs-refouleurs. (Brevets pris au nom de MM. Collet, de Lavillasse et Testud de Beauregard. (Voir L.-C.).

FÉVRIER 1874.

CHAUDIÈRE DE L'USINE. — S'il recherche, s'il explore, l'ingénieur marche avec une grande circonspection, s'étant préalablement rendu compte des lacunes qui sont a combler, des difficultés qu'il devra vaincre ou tourner. La conception de la chaudière de l'usine ne tient en rien de ce qu'on est convenu d'appeler invention, c'est l'étude rigide dans la recherche du mieux, fouillant dans le passé, classant l'acquis, et en face d'un programme parfaitement défini et rigoureusement tracé, la marche de déduction en déduction, jusqu'à réalisation complète.

La chaudière de l'usine, c'est l'assemblage d'études éparses lentement amassées, ayant chacune et en son temps, répondu aux besoins qui en avaient provoqué l'étude. C'est d'abord le foyer redressé par l'observation et l'expérience, la combustion meilleure, plus complète et surtout profitable, régie par les lois acquises aux théories du savoir, c'est le gaz comburant mieux réparti, c'est l'azote, ce parasite de nos combustions, plus retenu dans l'effluve des pertes qu'il nous fait subir, ensuite c'est la plus grande quantité de vapeur générée sous le moindre volume, utilisant dans une relation plus féconde, la mise en liberté de la chaleur ordonnée par le foyer : C'est un peu plus loin, cette même vapeur décomptant, sous l'influence victorieuse du calorique sensible, le nombre de calories à l'état latent qu'elle possède, c'est la vapeur devenue plus forte parce qu'elle est plus expansive et plus économique, parce que plus pauvre d'un calorique sans effet mécanique, elle s'est enrichie de la chaleur qui engendre le mouvement. — Combien de fois avons-nous dit : (parlant de la vapeur désaturée) créée plus chaude, elle contient moins de calories, grande vérité s'expliquant par le volume acquis.

La chaudière de l'usine! c'est l'agglomération de ces mille économies éparses hier, réunies dans cette conception; c'est la fumée dépouillée de son carbone, profitablement transformé en chaleur. La fumée, qui a l'analyse chimique fournit le plus grand poids, sous volume restreint, d'acide carbonique! La fumée qui contient le moins d'azote, enfin, qui dépouillée de chaleur, n'a plus de puissance ascensionnelle et tombe froide et dense au sein de l'atmosphère (chaleur soustraite au profit du liquide alimentaire et de la vaporisation).

Tel est le travail qu'à cette époque nous avons soumis à l'appréciation de nos lecteurs. (Voir L.-C.).

23 Mars 1874.

Etude du LIÉGE. — Son application à l'industrie au point de vue calorifique et hydrofuge — sa propriété isolante — joints de liége pour machines hydrauliques et à vapeur.

Même Année.

Perfectionnement de l'APPAREIL-PURGEUR — loi de densité — utilisation du liége comme obturateur de gaz ou vapeurs.

12 Mai 1875.

Chaudière à RIVETS BOUILLEURS. — Peclet, dans son traité de la chaleur, dit : qu'il y aurait grand bénéfice à faire traverser les tôles de nos chaudières par des tiges métalliques rigides ; il regrette que ce moyen simple n'ait pas encore été employé. A cette époque M. Williams écrivait : (Considérations sur la combustion du charbon, édition 1860.) « Les chaudières d'une machine de six chevaux furent garnies de chevilles conductrices, l'effet produit par ces chevilles fut la vaporisation, en 21 minutes, de chaque pouce d'eau qui employait auparavant 28 minutes pour se transformer en vapeur. Ces résultats encouragèrent et dans ces douze dernières années, des chevilles conductrices ont été apposées avec un incontestable succès, dans beaucoup de chaudières de terre et de mer. Après plusieurs années d'observations relatives à ces chevilles on a reconnu que la saillie la plus convenable dans les carneaux était de 3 pouces ($0^{m}076$). Plus longues, elles brûleront jusqu'à ce qu'elles aient été réduites à la dimension indiquée ci-dessus.....

« Les chaudières du ROYAL WILLIAM *(navire anglais)* ont constamment fonctionné pendant ces cinq dernières années, et elles ont eu le succès le plus complet comme économie de combustible, absence des inconvénients de la fumée, puissance de vaporisation et durée. Le nombre des chevilles conductrices est de 4359. »

Le temps et l'expérience ont donc prononcé sur la valeur du principe, et ce principe, notons-le, ne s'applique qu'aux lois de conductibilité.

24 Juin 1875.

TUBE RIVET. — En présence d'une chaudière tubulaire, l'observateur se demande si dans l'aire des tubes et le parcours de leur longueur la chaleur qui les traverse est également utilisée dans chaque espace parcouru.

Pour résoudre cette question, on fit construire un récipient en verre traversé longitudinalement par un tube métallique ; l'expérience prononça. La flamme de l'alcool projetant sa chaleur dans le tube ne fit bouillir le liquide qu'à une hauteur fort minime, hauteur variant du reste avec l'intensité de la dite flamme.

Ainsi sur une longueur donnée, quelques centimètres étaient suffisants pour l'absorption utile!

Combien étions-nous dans l'erreur, quand pour l'établissement de nos chaudières, nous dénonçions le chiffre obtenu comme surface vaporisatrice.

A ce propos, il est bon de rappeler les expériences faites à Mulhouse par feu M. Jacques Koechlin sur un bouilleur horizontal, expériences dans lesquelles le premier mètre de longueur à partir du foyer vaporisait à lui tout seul 8 à 10 fois autant d'eau que tout le reste.

Ce bouilleur avait été préalablement divisé par des cloisons de séparation.

En présence de cette constatation de réussite du rivet-bouilleur, ajoutons, puisque l'effet de conductibilité doit être semblable, que le tube-rivet apporte surface vaporisatrice de beaucoup augmentée, en raison surtout du courant liquide imprimé par la chaleur. Le tube-rivet, est donc à la fois le réseau tubulaire et la cheville conductrice, et plus encore, puisque de ces deux moyens, les défauts sont éliminés.

Le tube-rivet, c'est la réunion, sous un même effet, du tube vaporisateur Séguin, exonéré des inconvénients de dilatation qu'il entraîne —. c'est tout à la fois le rivet-bouilleur et le tube Field avec son courant hydraulique continuel, si profitable.

Enfin le tube-rivet, l'expérience à la pompe d'essai l'a prouvé, rend la chaudière plus résistante sous une même épaisseur, sans tirants, sans entretoises et sans armatures dénonçant la faiblesse de la forme et on se l'explique en se rendant compte de la dilatation linéaire du cuivre plus grande, venant avec la chaleur comprimer les molécules du fer.

24 Juin 1875.

RÉDUCTEUR ÉLECTRIQUE. — Appareil approprié à l'épuration des eaux alimentaires des chaudières agissant sous l'empire d'un courant galvanique et thermo-électrique continu.

Voir pour la description et la théorie de cet appareil L.-C. n°s 310, 311.

23 Octobre 1875.

BATEAU PROPULSEUR. — Deuxième brevet sur l'action motrice due à la réaction d'un liquide animé, au sein d'un liquide inerte.

Voir Lettres-Causeries n°s 53, 71, 297, 399, 305, 306.

15 Avril 1876.

Frappé de la lenteur avec laquelle s'effectue la dessication dans l'industrie comparée à la promptitude qui a lieu dans la nature sous certaines conditions, et m'inspirant des lois qui président, je déposais le projet d'un nouveau SÉCHOIR INDUSTRIEL qui reçut bon accueil. (Pour la description de l'appareil, voir L.-C. n°s 219, 295, 3 3.

6 Aout 1877.

TRANSFORMATION DE LA NAVIGATION

La transformation de la navigation a pour

principe l'utilisation directe de toutes les forces de la vapeur en mouvement, en puissance, sans que cette puissance ou ce mouvement soit traduit par le jeu de pièces métalliques.

La vapeur pesant sur l'eau transmet à cette dernière les forces qu'elle tient emmagasinées. Dès lors l'eau jaillissante dans la masse liquide crée le mouvement par recul chassant devant elle le corps flottant qui la porte.

La puissance réelle est la chaleur et celle qui agit la vapeur qui (lire la description de cet appareil, Lettres-Causeries nos 337, 341, 343, 345, 351, 352, 353, 355) aspire le liquide à l'avant du navire, le refoulant comprimé à l'arrière. Ces quelques mots expliquent ce qu'est cette transformation : la navigation au futur sans machine motrice, sans aubes ou palettes, sans hélices.

Puisqu'il s'agit de navigation, puisons à la surface ou au sein de l'eau la leçon propice qui doit nous éclairer.

Dans la famille des Céphalopodes, nous trouvons le Calmar marchant avec une vitesse vertigineuse, sans organes et par simple réaction du liquide comprimé. De cet enseignement j'ai tiré, non une machine, mais l'ensemble dont je viens d'exposer la théorie. Qu'en résultera-t-il ?... Ce que je puis dire, c'est que déjà ce principe a été fécondé puisqu'à notre dernière exposition se trouvaient des appareils ayant cette théorie pour base : Pompes-Grues et autres ayant nom pulsomètre, pulsateur. Donc : le grain a trouvé terre fertile.

En Angleterre, *M. l'Amiral Elliot* a dirigé lui-même des essais qui ne peuvent et ne doivent rester lettres-mortes. En Amérique, des bateaux marchent avec une vitesse satisfaisante et certainement résultats profitables prévaudront.

De ce qui vient d'être dit on peut déduire ce fait : la transformation de la navigation devait être, et n'est, en effet, que le préambule obligé d'une application plus importante, puisqu'elle est toute une Révolution industrielle, l'ensemble auquel nous avons donné notre nom, la machine hydro-dynamique, succédant à la machine à vapeur.

Ici, et l'époque l'indique, cette étude préalable nous amène au nouvel ensemble hydro-dynamique, sujet de ce livre.

CHAPITRE Ier

1° Toute machine à vapeur, quel qu'en soit le système, fonctionnera SANS REJET ONÉREUX AU SEIN DE L'ATMOSPHÈRE DU FLUIDE EXPANSIF QUI L'ANIME. De même pour les machines à vapeur d'éther, d'acide carbonique, sulfureux, etc., etc., ou machines à gaz (explosionnant ou autres);

2° Toute machine animée par la vapeur effectuera son mouvement SANS PERDRE LE FLUIDE MOTEUR, L'ÉCHAPPEMENT RETOURNANT AU POINT DE DÉPART;

3° Un cycle incessant animera toute machine SANS DISCONTINUITÉ:

4° Le calorique, constamment restitué, n'aura pour dépense que le rayonnement et l'équivalent de chaleur transformé en travail;

5° La détente, si perfectionnée dans les machines Corliss et Compound, devient inutile, en présence du NOUVEL ENSEMBLE HYDRO-DYNAMIQUE ;

6° Il y aura une augmentation de force sous un moindre volume, en raison d'une marche continuelle à pleine pression ;

7° Il y aura vitesse invariable, réglée automatiquement par le simple jeu d'un robinet ;

8° Le travail sera représenté par une quantité exacte de fluide admise dans le même temps, d'où il résultera, suivant besoins, transformation en force ou en vitesse, selon la section adoptée pour le cylindre ;

9° *Suppression de la détente* pratique, bénéficiant de tous les avantages de la détente théorique, et *suppression du régulateur.*

10° LES ÉCONOMIES DE COMBUSTIBLES SERONT DANS UNE PROPORTION TELLE QUE, N'OSANT LES CHIFFRER, NOUS LAISSONS A LA PRATIQUE LA MISSION D'EN ASSIGNER LA QUOTITÉ ;

11° Il y aura suppression complète de lubrification, partout où circule le fluide moteur ; ce qui dénonce économie APPRÉCIABLE ;

12° Il y aura transformation des machines composées (machines à mouvement alternatif rectiligne) en machines simples (machines rotatives, mouvement circulaire continu) ;

13° La pompe Greindl, une des meilleures machines rotatives, jusqu'à ce jour, actionnera directement avec un incontestable avantage, tout arbre moteur, ce qui apportera une grande réduction sur les PRIX D'ACHAT (frais de premier établissement), simplicité, facilité, sécurité de conduite, et notamment économie DE GRANDE VALEUR DANS LA MARCHE JOURNALIÈRE ;

14° Les générateurs ou chaudières (quels que soient leurs systèmes ou mode de vaporisation) ne fonctionneront plus qu'avec LIQUIDE CHIMIQUEMENT PUR (eau distillée), d'où il résulte qu'il n'y aura plus arrêt pour NETTOYAGES, et qu'une économie constante de combustible sera réalisée par le seul fait des surfaces métalliques *toujours vives*, transmettant mieux et sans discontinuité la chaleur du foyer, affranchie désormais de cette obturation constante, qu'apportent aujourd'hui les sels calcaires tapissant le fond des générateurs ;

15° Il y aura possibilité d'appliquer directement la force motrice (chaleur) sans transformation de mouvement *(notable économie)* ;

16° Au point de vue des applications physiques (véhicule calorifique), il y aura UTILISATION ENTIÈRE ET COMPLÈTE de la chaleur dépensée, moins le rayonnement qu'on amoindrit en pratique par l'intermédiaire de corps non conducteurs;

17° Cette transformation s'effectuera en un laps de temps très court (quelques heures);

18° Ce nouveau mode d'utilisation des forces développées par la chaleur s'appliquera à toutes machines (fixes, locomobiles, locomotives, c'est-à-dire *navigation, chemins de fer, tramways, industrie, agriculture)*;

19° Il y aura enfin, et dans une relation *excessive,* diminution de la masse, du poids, des prix d'achat, frais de premier établissement et de marche journalière.

CHAPITRE II

M. Testud de Beauregard se livre depuis un grand nombre d'années à des études incessantes, dans le but de produire la vapeur le plus économiquement possible, d'en employer toute la puissance, et de prévenir en même temps les explosions de chaudières à vapeur (1).

---

(1) Je copie dans *la Presse*, DU 16 OCTOBRE 1848, les lignes suivantes, signées par *M. l'abbé Moigno*. Après avoir décrit d'une manière minutieuse une machine à vapeur présentée par M. Testud de Beauregard, M. l'abbé Moigno dit :

« Il nous reste, pour terminer ce long article, à énu-
« mérer, en peu de mots, les avantages certains de la
« nouvelle machine :

« 1° Dans les machines anciennes, à surface rayon-
« nante énorme, perte immense de chaleur rayonnante.
« Dans la nouvelle machine, surface réduite dans le
« rapport de 1 à 100 ; très petit fourneau, perte insen-
« sible de calorique.

De ces études, dans lesquelles il a bien voulu, quelquefois, m'appeler à le seconder, il résul-

---

« Dans les machines anciennes, l'eau se vaporise à « 102°, en mer à 105°, à une faible pression et capable « d'un effet dynamique égal à peu près à *trois*. Dans la « nouvelle machine l'eau se vaporise à 96°5 ; sa tension « peut atteindre sans danger 200, l'effet dynamique est « au moins *quatorze*.

« 3° Dans les machines anciennes, agissant à basse « pression, la condensation est incomplète ; une portion « considérable de la puissance est employée à vaincre la « résistance de la vapeur utilisée; dans la nouvelle ma- « chine, la condensation est presque absolue et l'on « obtient à chaque instant le maximum d'effet utile.

4° Dans les machines anciennes, l'alimentation se fait « par de l'eau chargée de sels ; on n'obtient la conden- « sation que par l'emploi d'une immense quantité « d'eau; il faut, en mer surtout, évacuer, avec une « perte considérable, l'eau du générateur parce qu'elle « se sature de sels. Dans la machine nouvelle, l'alimen- « tation se fait avec de l'eau distillée ; la condensation « s'obtient sans eau additionnelle ; on est même dis- « pensé, en quelque sorte, de renouveler l'eau qui, en « parcourant les divers organes du moteur, lui donne « la vie, parce que cette eau, tour à tour vaporisée et « condensée, venait d'elle-même toujours abondante et « pure.

« 5° Dans les machines anciennes, les temps d'arrêt « s'évaluent en perte d'argent ; le mécanicien de nos « locomotives est souvent obligé de répandre dans les « airs une vapeur qui a beaucoup coûté et qu'il ne « pourait conserver sans courir de grands dangers. « Dans la nouvelle machine, il n'y a jamais ni masse « d'eau chauffée à l'avance, ni production intempestive « ou accumulation de vapeur, ni charbon consumé « vainement dans l'attente d'un prochain voyage : il ne

tera prochainement la production en public, de plusieurs spécimens de machines motrices et de plusieurs applications physiques *d'un nouveau mode d'emploi de la vapeur.*

1° APPLICATIONS DYNAMIQUES (*Machines*).

La vapeur d'un générateur quelconque, timbré et fonctionnant à 6 kilog. par exemple, sera admise à une pression de 5 kilog. seulement, dans un *récepteur* établi entre ce générateur et une machine à vapeur quelconque, par l'intermédiaire d'un *compensateur* (1). Ce récepteur, qui aura une capacité égale à 5 ou 6 fois la

---

« s'agit que de maintenir à l'état fluide une masse très-« peu considérable de plomb.

« Comprend-on bien ce que c'est que la réduction « dans le rapport de 1 à 300 du volume du générateur; « quand surtout cette réduction. loin d'entraîner aucune « perte, apporte des gains imprévus ! »

J'ai voulu, en rappelant cette conclusion d'un article écrit par un savant estimé, il y a plus de 20 ans, faire voir depuis combien de temps M. Testud de Beauregard poursuit la production et l'emploi économique et inoffensif de la vapeur, exprimer mon regret que le générateur pneumato-sphéroïdal dont il s'agit, n'ait pas été plus employé. J'ai la certitude qu'on y reviendra.

B.

(1) Appareil dont l'invention est due à M. Testud de Beauregard, qui l'a produit lors de la création de son générateur *pneumato-sphéroïdal;* il appelait alors cet appareil *pompe d'équation.* B.

capacité du cylindre de la machine à vapeur, sera rempli d'eau aux 2/3 environ de sa capacité ; cette eau sera foulée, par la pression de la vapeur admise au *récepteur*, sur un côté du piston de la machine, dont le *tiroir* devra être simplifié et modifié de façon à ce que les lumières d'admission et d'émission soient alternativement ouvertes ou fermées pendant toute la durée de la course du piston (sauf peut-être un peu d'avance).

Le liquide, comprimé par la pression de la vapeur contenue dans ce récepteur, agira sur le piston, dans les mêmes conditions que la vapeur agit, directement, dans nos machines, et cela sans aucune contre-pression ; l'eau qui remplira la capacité du cylindre opposée au sens du mouvement du piston, sera appelée par une *batterie d'aspirateurs* (1) ; *ces aspirateurs* seront desservis par la vapeur du générateur, qui aura une pression supérieure de 1 k° à celle du récepteur et qui sera, en outre, préalablement surchauffée (afin d'augmenter sa puissance), dans un appareil *ad hoc*, encore créé

---

(1) *Les aspirateurs*, connus aujourd'hui sous le nom d'appareils *Koerting*, ont été créés par M. Testud de Beauregard, en 1858 et 1860, pour remplacer la soufflerie des *cubilots*. Ils produisaient, dans un cubilot, un vide de 0m35 de mercure, et, appliqués directement sur la colonne barométrique, ils déplaçaient jusqu'à 0m71 de mercure. B.

par l'auteur de l'invention qui nous occupe, lequel a, il y a déjà bien longtemps, attaché son nom à la vapeur désaturée et surchauffée; ces aspirateurs appelleront l'eau du côté négatif du piston et la refouleront dans le *récepteur*, en créant le *vide* de ce côté du piston. — La vapeur ainsi dépensée par les *aspirateurs*, pour refouler dans le récepteur l'eau qui aura servi dans le cylindre de la machine, cédera à cette eau toute sa chaleur, et lorsque cette dernière atteindra, dans le récepteur, une température égale à celle de la chaudière, le jeu de la pompe d'équation modérera l'entrée de la vapeur dans ce récepteur. — Le niveau de l'eau dans la chaudière sera entretenu, par la pompe alimentaire de la machine, par un *injecteur*, ou par une *bouteille alimentaire à niveau constant*, qui prendront l'eau dans le *récepteur*. La même eau, *de l'eau pure*, servira indéfiniment; dès lors, plus de dépôts calcaires incrustés ou boueux, — danger d'explosion évité!

Dans ce nouveau mode de fonctionnement des machines à vapeur, les frottements deviennent presque nuls; ainsi le piston peut, sans inconvénient, jouer très librement dans le cylindre, puisqu'il n'y a pas à craindre le passage du fluide moteur d'un côté à l'autre du piston, comme il en est avec la vapeur. Les presses-étoupes de la tige du piston et de celle du tiroir pourront aussi être très libres. Le graissage du piston et du tiroir deviendra, naturellement, inutile; enfin les *espaces nuisibles* n'existeront plus.

Ce nouveau système d'emploi de la vapeur est applicable à toute espèce de machines à vapeur, aux plus perfectionnées, telles que les machines genre *Farcot* et celles du genre *Corliss*, comme aux anciens systèmes de machines, à distributions imparfaites, pourvu que les soupapes ou tiroirs d'admission et d'émission soient modifiés comme il est dit ci-dessus.

Mais là où l'application de ce système doit avoir le plus de succès et produire les résultats les plus considérables, si nous ne nous trompons pas sur le principe de l'invention de M. Testud de Beauregard, c'est aux *machines rotatives*, dont les défauts essentiels, au point de vue de leur fonctionnement avec la vapeur, deviennent, avec la *marche hydraulique*, des qualités essentielles. — Ce qui rend, en effet, l'emploi de ces machines impossible *à terre*, où elles coûteraient beaucoup moins et occuperaient moins de place, et sur les navires de guerre et du commerce où, avec les précédents avantages, elles commanderaient plus facilement et plus simplement *les hélices*, que les machines actuelles, c'est la dépense beaucoup trop considérable de vapeur à laquelle elles donnent lieu, par suite de la fermeture non hermétique de l'organe qui sert de piston et qui rend la détente impossible et ne permet pas l'emploi d'un condenseur.

Avec le nouveau mode d'emploi de la vapeur qui nous occupe, ce qui est désavantageux pour l'emploi de la vapeur, dans les machines rotatives, devient avantageux, puisque le jeu inévitable du piston, dans le cylindre, est nécessaire à la bonne *marche hydraulique* de ces machines.

Dès lors, si les machines rotatives étaient ainsi appliquées à la navigation, quelles énormes économies la marine de guerre et la marine de commerce ne recueilleraient-elles pas?

Economie incalculable de combustible! Economie considérable d'emplacement et de poids (tout en trouvant la facilité d'installer double appareil moteur, pour prévenir les cas d'avaries de guerre ou autres); économie considérable de place et de poids pour les générateurs, qui, n'ayant plus besoin de présenter d'aussi grandes surfaces de chauffe, pourront être construits suivant des formes plus résistantes que celles qui sont employées aujourd'hui et fonctionner à des pressions plus élevées, convenant à l'emploi des machines rotatives et au mouvement des hélices. — Et, par suite, quelle place gagnée pour les engins destructifs et le personnel, dans la marine de guerre, et pour le *fret* dans la marine de commerce ! — Il est inutile d'insister sur l'économie de premier établissement et sur celle de l'entretien, non plus que sur la diminution des chances d'explosion.

Si le système rotatif était ainsi rendu avantageusement applicable à la navigation, qu'est-ce qui empêcherait qu'il soit appliqué aussi utilement aux machines locomotives des chemins de fer et des tramways, ainsi qu'aux machines routières ?

La réussite du nouveau mode d'emploi de la vapeur, proposé par M. Testud de Beauregard, serait donc une véritable révolution industrielle et humanitaire ; elle serait pour le pays une source d'économies incalculables : économies dans le budget de la marine de guerre ainsi que dans l'exploitation des transports maritimes. Le prix de ces transports pourrait être considérablement diminué... Les bienfaits d'une telle révolution se feraient ressentir jusque chez le petit industriel, qui pourrait facilement se procurer une machine motrice d'un prix peu élevé, d'un poids insignifiant et consommant très peu de combustible.

2° APPLICATIONS PHYSIQUES

M. Testud de Beauregard s'est proposé aussi de donner à ce nouveau système d'emploi de la vapeur des applications physiques.

Il a pensé notamment que l'eau contenue dans le *récepteur* décrit ci-dessus pourrait circuler à une pression *ad libitum* dans les doubles-fonds ou serpentins des appareils à chauffer, à évaporer, à distiller, à cuire, ainsi que dans les conduites de chauffage d'usines et d'établissements hospitaliers ou autres.

L'eau du *récepteur*, après avoir circulé sous l'action d'une soufflerie à vapeur surchauffée, dans les appareils de chauffage, dans lesquels on fait circuler et perdre aujourd'hui tant de vapeur, pour obtenir lentement un résultat chèrement acheté, reviendrait constamment à ce *récepteur*, en y ramenant toute la chaleur non employée.

Ici le résultat est plus palpable que dans l'application dynamique. En effet, rien de plus simple : là où circule de la vapeur, l'eau peut circuler ! Or, avec la vapeur, dès que le liquide à chauffer, à évaporer, à distiller ou à cuire, est arrivé à 40 ou 50 degrés, la vapeur passe sur les surfaces chauffantes sans y abandonner une quantité de chaleur notable ; elle emporte avec elle et elle perd une quantité très considérable de chaleur et l'opération marche lentement. — Avec la circulation de l'eau, même à faible pression, et grâce à l'emploi d'un *surchauffeur* élevant la vapeur des aspirateurs à tel degré nécessaire, on chauffera plus promptement et sans aucune perte de chaleur.

Pour donner une idée de la différence qui existe entre l'emploi de la vapeur et celui de l'eau, comme *véhicule calorifique*, supposons, d'une part, un kilog. de vapeur à 152° ou à 5 at., ayant circulé et étant (ce qui n'arrive pas) entièrement condensée dans un serpentin, un double fond, ou dans tout autre appareil de chauffage, après y avoir occupé un espace de 384 litres; ce kilog. de vapeur, qui a coûté à produire 650 calories, dont 500 pour la transformation de l'eau en vapeur sont entièrement perdues, *sans aucune utilité*, ne transmettra au chauffage que 50 *calories* environ, les 100 autres calories resteront dans l'eau de condensation; d'autre part, il circulera, dans le même temps et dans le même appareil, 384 litres ou kilog. d'eau, qui, à la même température de 152°, contiendront 58,368 *calories*, dont la moitié ou le tiers seront abandonnés au chauffage, et dont l'autre moitié ou les deux autres tiers reviendront au récepteur!

BOUGAREL.

CHAPITRE III

Un équivalent de chaleur répond à un équivalent de travail.
La vapeur n'abandonne à notre profit que partie du calorique sensible auquel elle est mêlée.

Applications dynamiques.

La continuation incessante de nos études, notre persévérance dans le même ordre d'idées, devaient avoir pour résultat, pour récompense peut-être, l'ensemble longuement étudié que nous allons soumettre aujourd'hui à l'appréciation éclairée de nos lecteurs. *(Voir série de Brevets depuis 1860).*

Il ne s'agit pas ici d'inventions que le hasard fait naître. — Non! c'est l'étude dans le temps, le travail accompli pas à pas, la route suivie, ayant devant soi un but *parfaitement* défini.

Ce sont les observations de tous auxquelles

s'ajoutent les nôtres; les écrits de chacun, amassés et vérifiés, sous l'égide d'une pensée-guide tendant à l'obtention d'un résultat constamment poursuivi. C'est, d'expériences en expériences, l'acquis de chaque jour enregistré, enfin la découverte que dévoile le calcul, que corrobore l'étude et que *pressentait* la raison. La preuve basée sur des expériences directes, contrôlée par la logique.

Notre longue étude sur la tranformation de la Navigation (Voir L.-C. N°s 53, 71, 297, 341, 343, 345, 351, 352, 353, 354, 355) nous conduisait forcément au résultat qui suit.

Il y a plusieurs années nous écrivions (*Voir n° 222*) : « Il n'y a de différence entre la vapeur « positive et la vapeur négative, que 60 degrés « thermométriques. » (*Chaleur sensible*).

Ou plus explicitement :

Il n'y a de différence entre la vapeur enfermée dans le générateur, celle qui représente la force à dépenser, et celle qui, ayant cédé au piston la force qui l'animait, que 60 *degrés de chaleur appréciable au thermomètre.*

Ce sont donc ces 60 degrés qui se résument, dans la vapeur, en expansion, force ou élasticité.

Ce sont aussi ces 60 degrés qui, d'après le volume engendré sous une pression effective, nous donnent le chiffre du travail en kilogrammètres.

Si la force est transformée en vitesse, il se perdra davantage de chaleur et le coëfficient du travail en est d'autant diminué.

Pour ces 60 degrés, nous rejetons à *chaque coup de piston*, 562 calories à l'état latent, abstraction faite des pertes de toute nature. *(Rayonnement, condensation, entraînement du liquide, échauffement de la matière, etc.)*

A chaque coup de piston, nous laissons inutilement échapper un volume de vapeur comprimée, égal au cube du volume engendré par le piston pendant l'admission, si petite ou si grande qu'elle soit, insouciants du coût de la transformation.

Enfin et pour mieux définir notre pensée, disons au figuré que, jusqu'à présent, dans l'utilisation mécanique de la vapeur, nous n'avons fait que *glaner*, laissant fuir dans l'atmosphère ce qui est *récolte* : Le fluide précieux qui, dans les calculs moyens coûte environ le cinquième de son poids en combustibles *(Houille)*.

On a vu plus haut que l'on n'utilisait que 60 calories, c'est-à-dire 1/12 de la dépense totale, le reste n'étant que sacrifice onéreux.

Ces chiffres permettent l'appréciation de la ***Valeur*** attribuée au mot ***Récolte***.

De même pour la génération.

Des feux allumés sous nos grilles, des sommes de chaleur mises en liberté, qu'en utilisons-nous? Dans les meilleures conditions quelques dixièmes à peine. Depuis l'invention de la vapeur, nous roulons sur ce thème, et des ingénieurs expérimentés calculent et cherchent dans la science du chiffre, une vérité qui échappe et échappera toujours à toutes les analyses faites en cette voie. Pendant ce temps, des inventeurs de génie absorbent des années entières pour apporter à la société au profit de l'industrie, des combinaisons logiques, mais qu'anéantit un point de départ erroné.

Oui ! erroné ! car *puiser la force* au sein des gaz ou vapeurs, est parmi les problèmes difficiles, s'attacher à résoudre le plus ardu.

La suite va le prouver!

Cependant notre œuvre nous satisfait, malgré *Explosions, Sinistres et Catastrophes,* se succédant.

Cela devrait être enseignement, avertissement, il n'en est rien !

Si gaz ou vapeurs, doivent à l'avenir travailler pour nous, ce ne sera certainement plus *éloignés de la génération*, et encore moins *dans les cylindres (appareils essentiellement réfrigérants), et sous le choc d'une puissance s'épuisant en sa course (détente)*, c'est-à-dire le *plus beau résultat obtenu, étant donné l'emploi des fluides expansifs.*

Analysons :

Que veulent dire ces mots : *Sous le choc d'une puissance?* En réalité, sur la face du piston qui reçoit la vapeur, il y a *choc* et *choc brisant*; la lumière d'admission ouverte, toute la pesanteur de la pression ordonne spontanément au piston et parce qu'il n'y a pas bruit, grâce à l'élasticité, le *choc* n'en est pas moins effectif. Il y a dans ce fait, faute commise au préjudice de la marche et de la durée de nos machines.

S'épuisant en sa course?... Oui, car la détente étudiée doit avoir pour *desideratum* : ZÉRO PRESSION A FIN DE COURSE.

En résumé, l'emploi des fluides légers et expansifs obligeait, conduisait à la détente.

De là, efforts inouïs, expériences sans nombre... Et pourquoi? N'existe-t-il pas d'autres fluides, capables de communiquer aux pistons de nos machines la force emmagasinée? N'y a-t-il que les gaz ou vapeurs aptes à transmettre la puissance qu'ils recèlent, et parce qu'ils pèsent moins sont-ils préférables?

L'homme est ingénieux à se créer des difficultés, si plusieurs routes se présentent, c'est la plus difficile dans laquelle il s'engagera.

Voilà le pourquoi de la vapeur animant nos machines.

En fait, trois choses président à la réalisation : Le feu qui engendre, le générateur qui emprisonne, et le liquide qui se transforme. De ces trois choses, on choisit le résultat, la transformation, la vapeur.

On choisit la vapeur en raison du prix élevé de sa génération. On choisit un gaz parce que dans les corps classés c'est le moins ténu, le plus difficile à maintenir sous pression, celui qui perd le calorique dont il est animé, avec la plus grande promptitude, le moins dense, et par ce fait, le plus incommode à asservir. Néanmoins on le préfère, parce que pour l'employer, il faut écoulement continu, *perte constante* sans équivalent.

Pour perpétuer cet emploi, le travail d'un demi-siècle suffit à peine; et cela se comprend, on s'est arrêté sur une combinaison éphémère, ne pouvant subsister qu'au sein du milieu brûlant qui l'engendre, combinaison sans durée, participant à l'instabilité d'un de ses composants : *Le Calorique.*

Pourtant, lorsque la première fois on mit le feu sous un générateur, le choix était libre; prendre la vapeur que ne retenait pas le piston le mieux travaillé, le moins perméable, le plus longuement rodé, ou le liquide incompressible, animé d'une puissance identique et de 800 *à* 1,200 fois *plus dense* était logique, et dans notre pensée, choix plus rationnel.

Dès ce moment, tout obturateur présentait des garanties, les joints plus étanches, la *densité* explique ce résultat. Sous le piston, *la force* communiquée devenue rigide, effaçait d'un seul coup une de nos grandes pertes dynamiques *fort onéreuse,* et à laquelle les détentes ne remédient qu'imparfaitement : *La contre-pression.* Et ce n'est pas tout; si le liquide eut été choisi, les soustractions préjudiciables de chaleur *(force perdue)* eussent de prime-abord été conjurées, et le liquide moteur, après avoir animé la machine, au lieu d'être inutilement éliminé, comme cela a lieu pour la vapeur, eût provoqué, nous en sommes convaincus, une recherche archi-fructueuse, celle de sa *réintégration au générateur.* — *Que d'Economie! Quel Progrès!*

Avec la vapeur utilisée comme force mécanique, tout ce qui était à faire se présentait comme impossible; et c'est par des prodiges d'invention, de calcul et de persévérance qu'on est arrivé, non à résoudre un problème qui restera insoluble, mais à substituer le spécieux au rationnel.

Un exemple : Avec l'eau, les joints eussent été commodes, faciles; avec la vapeur ils sont encore l'objet d'études, surtout lorsque cette dernière est à haute température, — et les pistons, les tiroirs, les stuffing-box! !... Que d'essais et de recherches pour les rendre hermétiques.

C'est bien véritablement la route la plus hérissée de difficultés que l'on a prise.

Un mot encore : Avec la vapeur, obligation d'échappement ou condensation ; et pour obvier à son coût, *la Détente*, dont la valeur économique n'est appréciée qu'à l'aide du dynamomètre traçant une courbe : Les diagrammes... Et juste critique.

Si nous rendons le cylindre transparent et que nous observions ce phénomène de la détente, nous voyons la vapeur se condenser, cédant sa chaleur au métal, puis le métal à son tour revaporisant le liquide; transformation sur transformation inscrivant au total... *Dépense*, *Perte.*

Plus tard on se demandera avec justesse, pourquoi, comment et par quelle bizarrerie on s'est servi du fluide expansif *(Vapeur)*, lorsqu'il n'y avait que le conduit d'écoulement à placer plus bas, pour réaliser spontanément les bénéfices pondérables et faciles à calculer que nous apportons aujourd'hui.

Le liquide comprimé par la vapeur, substitué au fluide élastique dans la marche de nos machines, est application tellement éclatante de vérité, qu'on s'explique peu son arrivée tardive.

Il était si naïf d'y songer!

Une fois engagés dans cette voie, le champ devient vaste, l'horizon s'élargit. Le liquide faisant retour, la vapeur générée agissant comme ressort, enfin *le calorique sensible, force unique, dépensée* SEULEMENT *en raison du travail produit.*

Comprend-on? Avons-nous fait saisir ce qu'il y a de généreux dans cette substitution.

Plus de vapeur perdue, avec sa chaleur de combinaison, et les 152°22 (5 at.) ou 180°31 (10 at.) de calorique sensible qu'elle emporte dans la marche à pleine pression. Un courant d'eau comprimée sous une tension *ad libitum,* celle qui sera jugée la plus économique, actionnant un des côtés du piston-moteur pendant que l'autre est sollicité par un appel énergique : aspiration *(utilisation de la pesanteur atmosphérique)* sans contre-pression nuisible, et ajoutons *(fait d'une grande valeur)* sans raréfaction, ou expansion indéfinie des gaz ou vapeurs.

Si malgré notre dire persuadé, malgré l'expérience qui affirme et la raison qui pressent, cette révolution industrielle ne s'effectuait pas immédiatement et de tous côtés à la fois, nous nous demanderions pourquoi, et dans quel but on étudie avec ardeur, et, déplorant l'inutilité d'un travail passionnément suivi, nous constaterions combien sont mensongers ces espoirs qui seuls soutiennent et encouragent les longues persévérances.

Mais nous agitons en ce moment de trop grands intérêts, pour qu'à cet égard le moindre doute soit émis.

Bientôt nos machines marcheront *sans échappement;* le fonctionnement en sera *rigide, mesuré,* participant de la puissance qui va les animer.

Pourquoi non? — Ce n'est pas la dépense qui retiendra, elle est minime, il ne s'agit que de compléter. Ce ne sera pas non plus la crainte de l'inconnu? On se rend trop aisément compte de l'effet mécanique et des résultats qui en découlent.

Après ces explications, que dire d'un ensemble qui n'absorbera que chaleur sensible, économisant ce qui naguère était dépense : Le calorique latent, ces 562 calories absorbées dans la transformation. — Pour la première fois, ce sera *véritable récolte qui s'effectuera.*

Dès à présent, c'est pour le savant, l'ingénieur, l'observateur, machines fonctionnant avec *grilles disproportionnées* et *poids de combustible* tellement minime qu'il faut recourir au calcul pour se l'expliquer.

La machine à vapeur *sans rejet du fluide expansif.*

La vapeur-ressort transmettant au fluide dense qui l'engendre, toutes les forces qu'elle emprunte au *calorique sensible.*

Enfin, *la cause ordonnant le mouvement*, affranchie désormais du coût énorme *d'un véhicule gazeux* que temps et science ne nous ont pas encore appris à maîtriser.

APPROPRIATION DE LA DENSITÉ. — EXPOSITION DU NOUVEL ENSEMBLE. — MARCHE HYDRAULIQUE DES MACHINES.

Tout système recevra cette transformation; le moins composé est préférable, car ce que nous apportons en première ligne est la simplification.

Mais, si simple que soit un ensemble, la description en est difficile, dès qu'il faut exposer des principes nouveaux, et plus difficile encore, lorsque désireux de présenter clairement, on tient à être compris, et mieux, faire image laissant voir les appareils qui constituent, *à l'état de fonctionnement.*

Pour cela, nous sollicitons indulgence, car certaines répétitions nous paraissent utiles.

Prenant pour type la machine à condensation, disons que nous appellerons *positive*, l'action répulsive, foulante, enfin la pesanteur directe sur une des faces du piston; et *négative*, l'appel, la succion, en un mot la force attractive qui agit sur l'autre face.

Maintenant expérimentons :

Force positive. — *Le générateur* est en pression (6 at.). La vapeur traverse un de nos *surchauffeurs* (Appareil spécialement approprié), acquiérant par ce fait un volume triple ou quadruple *selon degrés thermométriques.* (Voir plus loin tableau comparatif des volumes de la vapeur).

Sèche, incolore, cette vapeur éminemment élastique, comprime l'eau d'un *récepteur* à paroi parfaitement isolée (Voir brevet pour la transformation de la navigation à vapeur). *Une pompe d'équation* (accumulateur) (1) dont le piston plongeur répondant à 5 at. a pour mission d'abaisser la pression de marche dans une relation donnée ; d'où il résulte que la tension manomé-

---

(1) Nous croyons avoir conçu et exécuté le premier appareil de ce genre ; la priorité que nous avons obtenue date du 18 février 1850 ; depuis, cet appareil (accumulateur) a été utilement employé dans l'industrie. Avec le même principe, sous un très petit volume et peut-être en modifiant certaines pièces, *M. Belleville,* s'en servit pour alimenter ses chaudières au temps où ces dernières étaient à vapeur instantanée. Aujourd'hui nous retrouvons un accumulateur de grande dimension sortant des ateliers de *M. F. Morane jeune,* un de nos anciens directeurs de travaux, classe 54, à l'Exposition universelle.

trique de la chaudière, reste, excède et domine toujours *le récepteur, et cet ensemble* d'une atmosphère effective (au moins).

Dès ce moment, le liquide est apte à transmettre au *moteur* les forces emmagasinées.

Jusqu'ici, à part l'eau substituée à la vapeur, nous restons dans les sentiers battus; marche ordinaire, rejet par échappement, écoulement continu, perte constante.

En cet état si nous faisons communiquer l'échappement au *récepteur*, il n'y a plus de mouvement, le piston étant également sollicité par une même force sur chacune de ses faces. Si, au lieu de liquide, nous marchions par gaz ou vapeurs, le problème deviendrait insoluble, dès longtemps le calcul l'a révélé *(extension indéfinie des fluides légers)*. Mais il s'agit *d'eau;* corps au moins 1,100 *fois plus dense* que la *vapeur désaturée.*

Tel est le secret!

En vertu de cette densité, le fluide léger animera, non-seulement de sa force vive, mais encore de celle qui répond au poids spécifique du liquide, multiplié par P *(pression, pesanteur)*. C'est le *bélier hydraulique*, l'application fructueuse du jet de vapeur, l'*alimentateur* si connu de nos machines fixes, locomobiles et locomotives, l'application qui a valu à *M. Giffard* la grande médaille d'or de la Société d'encouragement.

C'est aussi nos appareils (*aspirateurs*, priorité du 5 juin 1860), qui, on le sait, aspirent puissamment d'un côté (m. 0.72 mercure), refoulant de l'autre. (Voir L.-C. nos 296, 309).

FORCE NÉGATIVE. — En effet, interrompons le trajet parcouru de l'échappement à la réintégration, en y plaçant une batterie d'aspirateurs calculés, mus *par la vapeur sous la pression des* 6 *at. de la chaudière*, augmentée de la *tension thermométrique du surchauffeur*, nous verrons aussitôt la machine fonctionner et le phénomène du mouvement continu s'effectuer, traçant un cercle complet.

Une fois encore, analysons, vérifions :

Des forces différentes président; on peut les classer au nombre de trois : .

FORCE POSITIVE. — 1° *Pesanteur, expansion, élasticité.* (Vapeur dilatée. Compression, 5 at.). *Admission dans le cylindre.*

FORCE NÉGATIVE. — 2° *Appel, succion, vide, pesanteur atmosphérique. — Attraction, sollicitation.*

PUISSANCE DE RÉINTÉGRATION. — 3° *Vapeur désaturée, volume quadruple. — Tension manométrique,* 6 at. — *Utilisation des forces vives. — Appropriation de la densité. — Bélier hydrau-*

lique. — Jet de vapeur dilatée. — Retour du liquide au récepteur.

Avant de clore cette description, examinons si quelques difficultés ne peuvent entraver, et prévenons les arguments qui pourraient nous être opposés.

En première ligne : *Les liquides, leur incompressibilité, leur densité, leur frottement.*

Ici, nous ne froissons pas même l'habitude ; la marche hydraulique dans les cylindres est consacrée ; quant aux machines, celles qui se créeront, il est probable qu'elles auront une appropriation mieux étudiée, pouvant rendre plus profitable encore, les lois généreuses que nous présentons; dès à présent, la substitution de l'eau à la vapeur nous *affirme marche stable, mesurée, et loi de régularité.*

Incompressibilité. — Nous touchons ici un des points culminants, car avec le fluide incompressible, nous réalisons non la détente, mais tous les effets fructueux qui en dérivent, qu'en dénonce la théorie, c'est-à-dire nullité de pression à fin de course.

La détente, on le sait, a pour résultat la moyenne des forces agissantes, puisque la pesanteur ordonnant au piston est constamment décroissante, d'où naît l'obligation pour une puissance désignée, d'avoir large piston et longueur de course.

Avec un liquide, cette irrationalité de construction disparaît. Demain, nos machines plus petites et de moindre poids auront, grâce à l'incompressibilité d'une part et la pleine pression durant la course entière de l'autre, considérablement grandi en force effective.

Nous venons de dire culminant, — voilà une seconde preuve. Avec fluides élastiques (vapeurs ou gaz), obligation d'avoir frottement de valeur réelle sur les parois du cylindre, pistons toujours étanches (si possible) ; avec les liquides, frottements et obturations hermétiques disparaissent ; le piston entre deux colonnes liquides (véritables lingots d'acier), quelle que soit la compression de l'une des deux colonnes, ne saurait agir par réaction, nuire par opposition à la marche mesurée, rigide, de la machine motrice.

Telles sont les lois qui président.

Densité. — C'est en raison de la différence énorme qui existe entre la vapeur désaturée (si légère) et le liquide, que s'effectue le cycle complet, la réintégration.

Frottements. — Plus compactes, les liquides ont une moindre vitesse de translation, cependant nous lisons dans *Claudel* (N° 213) : « Pour « les gaz, la diminution de pression résultant du « frottement, c'est-à-dire la perte de hauteur « manométrique à la même expression que pour

« l'eau, » et plus loin, citant les expériences de *M. d'Aubuisson*, nous lisons : « Sous une même « charge, une même conduite dépense en volume « 30,55 fois plus d'air que d'eau. »

Quoiqu'il en soit, un fait ressort, qui n'est pas niable : Vis-à-vis des solides, l'eau en adoucit considérablement les frottement et joue, dans ce cas, rôle de corps lubrifiant.

Ajoutant la diminution de frottement que nous venons de signaler pour les pistons-moteurs, les chemins économisés et les non-pertes rayonnantes, il résulte dans l'addition un total à notre faveur.

Résumons :

Dans le sens construction : robinets, tiroirs, soupapes, pistons, qui moins travaillés, moins bien rodés, sont avec des *liquides* complètement étanches ; — *joints* faciles à établir et plus hermétiques. — En pratique (l'eau motrice), on lubrifiera moins souvent... Economies de mille natures, au sein de l'eau glissements faciles, peu d'usure, et désormais économie constante, indiscutable : PLUS DE CONDENSATION,

Le passé est enseignement. Ce qu'on reproche *aux régulateurs* à force centrifuge, c'est retard dans l'effet ; il ne peut en être autrement avec l'emploi des fluides élastiques, mais aujourd'hui régulateurs et détentes deviennent inutiles, puisque la dépense en combustible ne repose plus sur le nombre des coups de piston donnés.

A l'avenir, toute machine marchera au maximum de vitesse, de puissance ; annotons sans augmentation de dépense (force et vitesse ne représentant plus des cylindrées perdues de vapeur comprimée), la machine ne pouvant changer d'allure par les résistances vaincues et s'arrêtant net, dès que les résistances multiples excèdent la puissance.

Ce qu'il nous reste à présenter maintenant pour corroborer l'opinion, affirmer la conviction, c'est théorie, chiffres et documents devant les appuyer :

On ne saurait nier que dans ce nouvel ensemble, jamais utilisation plus propice, plus féconde n'a encore été faite au point de vue dynamique, de la vapeur à haute température.

Cette fois, nous l'espérons, ce sera le triomphe définitif de la vapeur désaturée, surchauffée ; en effet, elle apporte dans cette application le bénéfice qu'on lui connaît, dépouillée de tout inconvénient. Plus de crainte à émettre pour les *frottements*, *stuffing-box*, etc., etc., tous mouvements de pièces mécaniques s'effectuant à la température du liquide dans le récepteur, soit au plus 150°. — Pour apprécier l'économie résultant de cette transformation, nous publions le tableau suivant (1) :

TENSION	TEMPÉRATURE	VAPEUR SATURÉE Vol.	VAPEUR SATURÉE Effets utiles par calor.	VAPEUR DÉSATURÉE Vol.	VAPEUR DÉSATURÉE Effets utiles par calor.	AUGMENTATION d'effet utile.
1 atm.	100 degr.	1695	2.70	3252	3.42	27 0/0
2 —	122 —	896	2.75	1553	3.42	25 0/0
3 —	135 —	619	2.79	1038	3 42	23 0/0
4 —	145 —	476	2.83	711	3.42	21 0/0
5 —	153 —	389	2.85	632	3.42	20 0/0

Ces chiffres parlent assez haut pour que toute déduction nous paraisse superflue ; cependant disons qu'une des conséquences de cet ensemble est économie dans la vaporisation, que l'on appréciera en tenant compte : 1° de la conservation de la vapeur ; 2° du volume énorme acquis par la désaturation.

Ce que nous avons omis, et qui est fort important, c'est que le liquide substitué à la vapeur

(1) Pour mémoire, rappelons l'annotation de M. Ch. Labrousse : « Nous ignorons quel est le coëfficient dont « s'est servi M. Devaux pour arriver au chiffre de « 3148 litres. Si nous prenons pour base celui indiqué « par M. Regnault, 0,00367, nous trouvons un volume « bien plus considérable, par conséquent une économie « plus importante que celle indiquée par le chiffre « de 27 °/°. » (Voir *L.-C.*, n° 375. N° 3 des Etudes de Conférences à l'Exposition de 1878).

en nous affranchissant des contre-pressions, présente une propriété dynamique dont la valeur n'échappera à personne, celle-ci :

Ne retirer du *Cylindre*, pour faire place au piston dans ses battements alternatifs, que le *cube exact* du fluide pesant qu'il contient, n'ayant plus à lutter contre une extensibilité indéfinie.

Un simple inconnu reste : la dépense de vapeur pour réintégrer à son point de départ *(récepteur)*, le liquide qui a transformé en travail, sur le piston-moteur, la puissance dont il était primitivement animé.

Réduisant ce problème à sa plus simple expression, nous n'avons pas à nous occuper du poids de vapeur employée, puisque, sans issue et condensée, elle n'a d'autre valeur que celle du calorique absorbé. Or, notons-le, ce calorique nous est restitué ; le liquide refroidi en raison du travail accompli, se réchauffe au souffle des aspirateurs, puisant à cette force vive, l'énergie nécessaire à sa réintégration. Allons plus loin ! admettons un instant que la somme de vapeur dépensée soit plus grande que besoin, trop grande, si l'on veut, concluera-t-on qu'elle peut atteindre un poids égal aux pertes de l'échappement ? Et s'il en était ainsi ne serait-ce pas encore la condensation la plus prompte, la plus rationnelle, la plus indiscutablement économique qui jusqu'à présent se soit effectuée?

Cet argument amoindrirait-il la générosité des lois que nous présentons? Non! car cette étude démontre un principe fécond qui, sous telle ou telle forme surgira.

La vapeur alors traversant le liquide-moteur, présente en cette circonstance des conditions d'emmagasinement de force dynamique et d'économie de combustible qu'on chercherait en vain dans les condenseurs à jet frigorifique ou à surface constamment refroidie.

N'oublions pas que, quel que soit le chiffre de la dépense en vapeur, ce chiffre nous est entièrement restitué EN CHALEUR, *lors de la réintégration au sein du récepteur ou de la chaudière.*

Le cercle dès lors est complet, son mouvement expliqué, indéniable. Pour nous rendre compte, comme étude, nous avons essayé ce mouvement sans aspirateurs, à l'aide du mode dit *Bouteille alimentaire.*

Le calcul nous avait dénoncé un retard, l'expérience l'a confirmé; c'est bonne contre-épreuve consacrant le principe.

Donc, à bientôt *Vapeur-Ressort* à haute température (désaturée), Vide-Succion, remplaçant, dans ses effets et moins chèrement, la condensation; enfin ***Machine sans échappement***, *le calorique sensible,* transformé en travail.

Cette description que les expériences directes appuient, qui démontre par des dates officielles, *que temps a mûri*, nous ramène à notre point de départ :

UN ÉQUIVALENT DE CHALEUR RÉPOND A UN ÉQUIVALENT DE TRAVAIL.

APPLICATIONS PHYSIQUES. — *Unité adoptée : 2 mètres surface chauffante.*

Si dans les applications dynamiques nous justifions le titre de : Révolution industrielle dans l'art d'utiliser la vapeur comme force motrice, nous pouvons sans crainte d'être démenti par les faits, ajouter que cette révolution est plus immédiatement appréciable encore dans ses appropriations physiques. (Chaleur, chauffage).

D'abord, disons-le bien haut, afin d'être entendu aussi loin que possible : dans cette application RÉUSSITE IMMEDIATE, pas de tâtonnements, aucune recherche dans l'exécution.

En effet, toutes les personnes qui connaissent nos aspirateurs (jet de vapeur dans un espace cylindrique), savent, et l'expérience de dix ans confirme, que dans ces sortes d'appareils d'une simplicité primitive, il y a attraction, appel, succion d'un côté, et répulsion, refoulement, pression de l'autre (1).

Ce ne sera plus comme autrefois, comme hier encore, de la vapeur! un fluide élastique, condensable, traversant le serpentin et se perdant dans l'atmosphère au détriment de l'opérateur; ce ne sera plus ce gaz instable dont la transformation onéreuse nous coûte tant de calories et nous dépense tant de charbon, non! c'est l'étude rationnelle du *mélange* avec la chaleur et non la *combinaison* du calorique. C'est l'expérience prise sur le fait, le parti fructueux que l'on déduit d'un savoir acquis, l'application économique en temps, en argent et en premier établissement d'appareils.

Fort des preuves que l'expérimentation nous a données, nous pouvons écrire et justifier par application, que ce mode tout naïf qu'il paraît, si simple qu'il soit, est une véritable et sûre

(1) Si dans un vase fermé (récepteur) nous adaptons à sa base un de nos aspirateurs aboutissant à un serpentin, destiné à chauffer gaz ou liquides, à cuire, distiller, évaporer ou dessécher (l'utilisation générale de la chaleur), ce serpentin chauffant se continue jusqu'au récepteur.

L'appareil est, on le voit, des plus simples; pour le mettre en activité, le jet du robinet de vapeur suffit, le liquide tracera dans sa course constante, un cycle incessant.

REVOLUTION dans l'art de transporter et diffuser la chaleur pour tel ou tel besoin industriel.

L'industrie a adopté le chauffage à la vapeur, le chauffage à l'aide d'un fluide compressible, parce que d'une part elle possédait ce fluide, et que de l'autre l'application en était facile, aisée, commode; mais dans cette circonstance le calcul n'avait pas présidé (on va le voir) (1).

Les corps de nature semblable, en présence les uns des autres, se partagent plus facilement le calorique emmagasiné dans l'un d'eux. Ce qui sanctionne une fois de plus cette loi absolue de la chaleur : *tendance constante à l'équilibre.*

Ce que l'on sait, mais qui n'est pas appliqué, c'est la propriété du mélange des liquides (calorimétrie). Les liquides sont, de tous les corps

---

(1) En appropriant la vapeur au chauffage on avait entrevu la condensation, et, conséquence obligée, la restitution des 550 (Regnault) -562 calories à l'état latent, d'une part, sans tenir compte, d'autre part, du volume occupé (12 à 1600 fois. 900 à 3 at. Rudbergh, Dulong, Pouillet), volume si propice dans le sens dynamique, devenant (on se l'explique) coût onéreux pour applications physiques.

On n'avait pas, il faut le dire, étudié les fluides à ce point de vue, et dans la recherche des propriétés qui peuvent être profitables, on en avait négligé une de GROSSE valeur, celle de l'*identité.*

qui nous entourent, ceux qui ont seuls la propriété d'établir l'équilibre calorifique immédiatement.

Expérience : Deux litres d'eau, l'un à 12°, l'autre à 80° centigrades, mêlés, donnent instantanément 2 litres à 46° ; voilà ce qui n'existe pas pour les solides, ce qui ne s'effectue que bien lentement en présence des gaz et vapeurs, et ce qui est loin d'avoir lieu dans le mode adopté aujourd'hui pour les chauffages industriels des liquides à l'aide de la vapeur.

Ce que nous n'avons pas encore dit, ce qui est élémentaire pour tout ingénieur, ce qui est passé inaperçu, resté inutile, conséquemment sans application, c'est *le nombre de calories à l'état sensible contenues dans un kilogramme d'eau.*

Nul, que nous sachions, n'a utilisé cette indication du savoir, si profitable aux industries sucrières, tinctoriales et autres, si précieuse enfin pour tout travail ne s'effectuant que sous l'influence du calorique.

En présence du fait que nous avons cité *(mélange des liquides)*, que nous appellerons loi d'identité, on n'en a pas pratiquement déduit les résultats fructueux qui en ressortent : *l'escompte du temps, l'énorme économie de combustible.*

L'industrie eut été reconnaissante d'un aussi

grand pas vers le mieux ; l'appropriation, pourtant, était dans cette circonstance d'importance hors ligne, car il n'est guère d'industriel n'appelant à son aise la chaleur.

Eh bien ! LE PROBLÈME EST RÉSOLU ; pratiquement accompli, vitesse dans l'élévation de température (temps gagné), même facilité d'exécution qu'avec la vapeur, et ce qui paraît incroyable *à priori*, c'est RÉCOLTE COMPLÈTE du calorique. Veut-on le calculer, nous qui avons promis de ne livrer dans notre publication que formules expliquées, disons :

Un litre d'eau à la température de 150° contient 150 calories. En pratique, ce litre s'écoule presque aussi vite que la vapeur. Si dans un serpentin, chauffant un liquide, nous faisons passer 100 litres d'eau, nous aurons abandonné au liquide à chauffer 150 × 100 = 15.000 ; donc en ce court espace de temps QUINZE MILLE calories auront été, par le serpentin, cédées au liquide à échauffer.

Comparons avec la vapeur : Le nombre de calories théoriquement contenues dans 100 litres de vapeur à 150° (5 atmosphères) est de 66,50, ce qui ne saurait s'obtenir expérimentalement. C'est donc : : 66,50 : 15.000.

L'éloquence de ces chiffres nous dispense à cet égard de tous commentaires.

On connait, et précédemment nous en avons

parlé, l'excellent travail donné par *M. Armengaud jeune* sur la *puissance effective et économique des machines à gaz*. Ce travail, nous le croyons, a été le sujet d'une conférence faite par l'auteur à l'Exposition de 1878, salle du Trocadéro (chacun sait avec quel soin procède ce jeune et savant ingénieur). Les chiffres qu'il présente font autorité. A propos de notre ensemble hydro-dynamique, il nous communique obligeamment quelques lignes. Nous les reproduisons :

« 1,000 *volumes d'air correspondent à un*
« *volume d'eau*. La capacité calorifique de l'air
« est environ 1/4 de celle de l'eau ; d'où il résulte
« que pour produire un échange de chaleur en
« employant l'air au lieu de l'eau, il faudra
« 4,000 volumes d'air ou 4,000 mètres cubes d'un
« fluide élastique similaire pour un volume ou
« un mètre cube d'eau *Le volume d'eau conte-*
« *nant à température égale la même quantité*
« *de chaleur que* 4,000 *volumes d'air*, de ce fait
« il est facile d'en tirer la conclusion du grand
« avantage qu'il y a, au point de vue des masses
« en mouvement, à employer un liquide au lieu
« de gaz ou vapeurs. »

Résumons maintenant. Au point de vue dynamique toutes machines demain seront sans échappement, ce qui signifie : sans vapeur

PERDUE ou mieux encore sans chaleur *ruineusement* projetée dans une atmosphère, que nous ne saurions au profit de tous échauffer d'*un millième de degré.*

La machine à vapeur, l'âme de toutes les industries de notre époque si féconde en savoir (siècle des théories appliquées); la machine à vapeur, réduite à une simplicité qui la fait plus grande, enfin la machine thermique qui, grâce à cette étude, grâce aux principes généreux qu'elle consacre, va se transformer, lasse du joug de ces lois imposées par nos combinaisons et nos calculs, va définitivement se dépouiller de cette marche brisée à mouvements inverses, de ces cylindres, de ces pistons obligatoirement hermétiques, de ces bielles ne nous restituant que *partie* de la force transmise, de ces manivelles commandant nos arbres, sous l'influence d'une puissance si mal répartie. Enfin résultante obligée de notre travail : succès, triomphe d'une machine véritablement rationnelle, agissant toujours d'une façon logique la MACHINE ROTATIVE ! le simple ! le moteur vrai pressenti depuis si longtemps.

Oui, demain, cette protestation matérielle tendant à substituer le spécieux au rationnel, tous ces efforts méritants de nos ingénieurs et constructeurs, ces manifestations, ces luttes contre le simple, demain s'évanouiront. Que restera-t-il alors de ces machines si travaillées, si calculées et exécutées avec tant de soin? Et ces détentes si longuement étudiées des machines Corliss, Ingliss, Bed et Farcot, etc., etc.

Les types économiques de la pression des gaz et vapeurs vont avec le rêve savant de Woolf, illustré par la machine Compound, disparaître devant la marche naïve et pondérable de la plus simple des POMPES ou machines rotatives, commandant l'arbre moteur!

En effet, pourquoi ces machines? Pourquoi de telles complications? comment justifier en présence d'un mieux (la machine rotative) ces mouvements inverses d'un piston? ces détentes désormais sans utilité? La vapeur créée il fallait s'en servir, telle est la justification.

A l'avenir plus de vapeur, plus de gaz compressible : un liquide, l'eau et *toujours la même*, qu'UNE FOIS POUR TOUTES nous prendrons pure conséquemment incapable de déposer des matières hétérogènes-sédimenteuses au fond de nos appareils vaporisateurs (générateurs-chaudières). Voilà immédiatement l'industrie exonérée de l'un des plus inquiétants des désagréments qui lui incombent avec la marche à VAPEUR PERDUE.

Et l'économie qui en résultera! est-elle éphémère ? Demandez à nombre de nos lecteurs ce qu'ils ont déjà dépensé en temps et argent pour vidange, nettoyage et piquage de générateurs, suspension de travail et achat de ces mille tartrifuges, qui tous à la lecture du prospectus ont puissance souveraine !

Comme désormais nous marcherons à l'eau distillée, ces dépenses sont effacées ; mais ce que l'on n'effacera pas avec l'emploi d'eau chimiquement pure, c'est la *conductibilité calorifique entière du métal de nos chaudières*. Economie certaine, réelle qui s'appréciera dans la marche de chaque jour.

A ce propos, décrivant ce travail à la Société française de Navigation aérienne, nous avons dit :

N'y a-t-il pas lieu de s'étonner (point de vue philosophique) du nombre de brevets pris par des hommes sérieux, des ingénieurs de mérite et cela depuis si longtemps pour des machines condamnées dès leur conception. Nous voulons parler des machines rotatives, si rationnelles dans le sens de savoir, calcul, si impraticables mues par gaz ou vapeurs et complètement irréalisables dès qu'il s'agit d'application.

Pourtant ces chercheurs méritants savaient ce que nous venons de dire aussi bien et peut-être mieux que nous.

D'où nous concluons, qu'ayant étudié une vérité mécanique ils oubliaient l'impossibilité pratique, que présentent les fluides expansifs, ils espéraient parce qu'ils pressentaient que l'emploi de ces fluides, à l'infini extensibles, n'étaient pas et certainement ne pouvaient être le dernier mot prononcé sur la transformation de la chaleur en force motrice.

Aussi les pompes *Neut et Dumont*, *Greindl*, ou toutes autres, selon appropriation vont devenir les *moteurs préférés*, et cela à tous les points de vue. Les turbines, les pompes centrifuges, enfin les moteurs simples qui ne transforment pas le mouvement, deviennent instantanément parfaits dès que l'eau comprimée par vapeurs ou gaz, devient agent de la puissance, le CALORIQUE SENSIBLE CAUSE PREMIÈRE DU MOUVEMENT.

Ici les diagrammes devront être consultés pour obtenir un maximum économique.

Puisque nous parlons de diagrammes, ajoutons que la pompe *Greindl* puise dans le travail que nous présentons une énorme plus-value, le diagramme qu'elle dessine étant une ligne droite.

Poursuivant cette idée, bientôt pompes ou machines rotatives commanderont l'arbre de l'hélice de nos steamboats, l'eau agissante, comprimée par la vapeur, ne l'oublions pas.

Notre marine qui a déjà apprécié la valeur de la pompe *Greindl* comme appareil hydraulique s'empressera, nous avons lieu de l'espérer, d'en faire l'essai comme moteur ; toutes choses égales d'ailleurs la marine de guerre trouvera utile de ne plus signaler sa présence et ne pas faire connaître des manœuvres que dénonce à l'ennemi le panache de vapeur.

Pour les chemins de fer (application aux locomotives), remettons cela à après-demain, car nos administrations ont un élan modéré et parfois (l'exemple l'atteste) ont été résistantes au progrès ; en cette circonstance cependant, il se présente si simplement, avec tant d'humilité, malgré son importance, que bien des retards seront peut-être conjurés. (Ne serait-ce que par un désir naturel, celui de voir s'effectuer et pouvoir toucher une telle réalisation).

Quoiqu'il en soit, nous avons profonde espérance qu'un jour viendra, qui n'est pas éloigné, ou pompe Greindl ou tout autre moteur rotatif animera l'arbre des roues motrices de nos locomotives. Ce sera, à coup sûr, perfectionnement enviable et depuis longtemps souhaité.

En terminant, rappelons l'économie de combustible, cause première et justificative de notre titre : Révolution industrielle. Pour les machines, diminution en poids et volume, simplicité et, par suite, sécurité dans les marches usuelles, enfin économie, dont on appréciera la valeur, provenant de la non-condensation résultant des milieux traversés (air ambiant) avant l'admission.

Au total :

Notre travail se définit ainsi : Cycle incessant. Transformation de la chaleur en force dans la première moitié du cercle et de la force en chaleur dans sa seconde moitié.

F. Testud de Beauregard.

CHAPITRE IV

Les études et les recherches d'un seul, suffisent quelquefois pour mener à bonne fin la réalisation d'une conception spéciale, et encore ce cas se présente-t-il rarement. Prenez une machine ou un appareil industriel (même très simple) fonctionnant bien et donnant de bons résultats pratiques. Bien rarement vous le trouverez arrivé à ses formes et dispositions définitives, sans que le concours de bien des chercheurs ait remanié l'idée première et sans que le temps, la réflexion, l'expérience de plusieurs y aient apporté leur contingent.

A plus forte raison en doit-il être ainsi lorsqu'il s'agit d'inventions de haute volée. Un homme de génie en trace les lignes principales : mais on n'arrive le plus souvent à résoudre les détails d'une façon méthodique et satisfaisante qu'avec la collaboration, plus ou moins ostensible, de de toutes les intelligences de l'époque. Telle a été l'histoire de l'utilisation de la force expansive de la vapeur. Peu nombreux sont les noms de ceux qui peuvent en être appelés les inventeurs. — Mais peut-on énumérer les ingénieurs dont les travaux ont fait ce qu'elles sont, des locomotives qui parcourent nos chemins de fer, des machines qui animent nos usines et des chaudières aux mille formes qui leur donnent la vie et le mouvement?

C'est au travail de tous qu'il convient de faire appel lorsqu'il s'agit, non plus d'organiser au profit de ceux-ci contre ceux-là, une concurrence mesquine, mais de procurer à son siècle les bienfaits d'un grand progrès industriel.

Aussi est-ce à tous les ingénieurs et constructeurs, à tous les savants et aussi à tous les manufacturiers quels qu'ils soient, que M. Testud de Beauregard soumet en ce moment le résultat de ses patientes études et de sa longue persévérance. Le titre donné à son mémoire est : ENSEMBLE HYDRO-DYNAMIQUE (CALORIQUE MOTEUR) ou *Marche hydraulique des machines sans échappement*. — A tous, le savant inventeur demande, non pas d'acheter pour le moment, mais d'examiner, étudier, discuter. — Tous en effet sont appelés à profiter de l'invention dans une large mesure. Il n'est pas plus question dans cette affaire de démolir les établissements existants, que d'en revendre le matériel à vil prix. L'expérience est simple, peu coûteuse, à la portée de tous.

Mais assez de préambules. L'exposé de l'invention sera préférable à toute autre réflexion.

Chacun sait que d'après la théorie mécanique de la chaleur, le calorique et le travail mécanique ne sont que des formes particulières d'un agent unique et qu'il paraît en être de même de l'Electricité, du Magnétisme, etc., etc. En nous occupant du calorique et du travail seulement, il est démontré qu'une calorie disparue ou créée, correspond à 424 kilogrammètres produits ou consommés, quel que soit le corps intermédiaire et quel que soit le changement d'état. — On appelle ce nombre 424 l'équivalent calorifique du travail et le rapport $\frac{1}{424}$ est l'équivalent mécanique de la chaleur.

Lorsque l'on essaye de se rendre compte d'après cela du travail théorique que devrait développer une machine à vapeur (ou généralement une machine thermique), parfaite, on peut raisonner comme il suit, en supposant parfaits aussi le fourneau et le personnel dirigeant.

Un kilo de houille développe par sa combustion complète 8,000 calories et ces 8,000 calories, équivalent à 8,000×424 ou 339,200 kilogrammètres. — La vapeur ou l'air atmosphérique ne peuvent être pratiquement chauffés à plus de 300° et la température la plus basse des condenseurs est de 30°.

Or, on démontre dans la théorie mécanique de la chaleur que le rendement maximum qu'il soit possible d'obtenir d'une machine thermique entre deux sources de températures constantes T et t est égal au quotient $\frac{T - t}{a + t}$ de la chute de la chaleur par la température absolue. On appelle température absolue d'un gaz, sa température $(a+t)$ au-dessus de *zéro absolu;* et le *zéro absolu* est la température pour laquelle le volume de gaz se réduirait à zéro, si la loi de dilatation de Gay-Lussac pouvait s'appliquer jusqu'à cette limite.

Pour l'air atmosphérique par exemple, le zéro absolu est à 273° au-dessus du thermomètre centigrade.

D'après tout cela, le rendement maximum d'une machine thermique parfaite est exprimé par $\frac{T - t}{a + t} = \frac{300-30}{273+300} = 0,47$ de la chaleur fournie.

Or un cheval vapeur correspond par heure

à un nombre de kilogrammètres de $75 \times 3{,}600 = 270{,}000$ kilogrammètres, donc la consommation de la machine thermique parfaite devrait être, par cheval et par heure de $\frac{270{,}000}{0{,}47 \times 3{,}392{,}000} =$ 0^k, 169, soit 0^k. 17.

Or, nos meilleures machines industrielles de grande puissance ne consomment guère moins de 1 kil. par heure et par cheval; les moyennes en usent 2; et les petites 4 et 5. On voit donc que la *meilleure* machine à vapeur dévore six fois la ration, que la théorie mécanique de la chaleur conduirait à lui assigner et que les médiocres ou mauvaises vont jusqu'à 10, 12........ trente fois! Et pourtant des ingénieurs, des constructeurs et des mécaniciens intelligents, se battent les flancs autour de ces machines, les étudiant à fond, les exécutant scrupuleusement et les soignant avec une minutieuse sollicitude. Quels sont donc les parasites qui déjouent toute la surveillance et tous les efforts de toutes ces personnes intelligentes, consciencieuses et de tous les points dignes d'une meilleure fortune? Rien ne se perd ni se crée dans la nature et il faut bien que ces 5/6 de travail développé que l'on ne peut utiliser, deviennent quelque chose..... Où passent-ils?

Comme nous ne faisons pas ici un cours de

machines à vapeur, nous ne pouvons qu'indiquer sommairement les causes qui contribuent à des degrés divers à assurer ce gaspillage. — On peut les atténuer, mais on ne saurait les détruire. Ces causes sont :

1° *Les frottements et résistances passives du mécanisme.*

2° *Les fuites de vapeur, contre-pressions, les frottements, étranglements et espaces nuisibles.*

3° *Les condensations par refroidissements intérieurs et extérieurs.*

4° *Un parasite plus gros que tous les autres et que l'on pourrait qualifier d'ogre dans cette circonstance* — j'ai dit l'*Echappement.*

Voilà les ennemis nommés. Examinons-les individuellement et donnons à chacun, son importance réelle.

1° *Frottements et résistances passives du mécanisme.*

Dans les machines puissantes bien étudiées et bien construites, exemptes de flexions et déformations, bien proportionnées, équilibrées et pourvues d'un bon système d'organes lubrifiants, l'expérience au frein prouve que la part des frottements et résistances passives ne dépasse pas 10 p. °/. du travail moteur développé.

C'est quelque chose sans doute. Mais ce n'est pas là ce qui mérite le plus d'attention lorsqu'il s'agit d'une consommation six fois plus grande qu'elle ne devrait l'être.

2° *Fuites de vapeur, contre-pressions, frottements, étranglements et espaces nuisibles.*

Avec des machines Compound bien étudiées, avec distribution distincte à chaque cylindre et réchauffeur entre les deux, avec des distributions bien réglées comme avance, recouvrement et compression, avec des conduits bien proportionnés, avec des pistons et des tiroirs bien construits, on arrive encore à ne laisser perdre par là que peu de chose.

3° *Condensation par refroidissements intérieurs et extérieurs.*

Chacun sait que toute vapeur saturée qui se refroidit, se condense à l'instant même en partie et que la force expansive d'un volume de vapeur qui se condense, devient instantanément nulle. On comprend donc toute l'importance qu'il y a, à s'opposer dans l'établissement des machines à vapeur à tous refroidissements. Aux refroidissements par l'extérieur, on oppose les enveloppes et garnitures inconductrices et l'on arrive grâce à cela, à perdre peu de chose de ce côté.—Quant aux refroidissements intérieurs, ils résultent de ce que pendant chaque période d'échappement ou évacuation, les surfaces entre lesquelles la vapeur est confinée sont mises en présence soit de l'atmosphère, si la machine est sans condensation, soit du vide du condenseur, si la machine marche à condensation. — La température de ces surfaces s'abaisse donc sensiblement et au coup de piston suivant une portion de la vapeur se condense avant d'agir, pour les réchauffer. — Les moyens par lesquels on combat cette influence nuisible sont : les enveloppes de vapeur, l'emploi du système Compound, les revêtements intérieurs en substances peu conductrices, et enfin surtout, l'emploi de la vapeur surchauffée ou désaturée, parce que celle-ci peut éprouver un certain refroidissement sans se condenser pour cela. — Quand toutes précautions sont prises, les refroidissements intérieurs constituent toujours la perte la plus importante de celles que nous avons énumérées jusqu'à présent, mais n'atteignent néanmoins pas une valeur absolue trop considérable.

4° *Le calorique emporté par l'échappement.*

Ici le déchet devient effrayant, et, ce qui est pis, on ne peut rien y faire. Il est bien facile de s'en rendre compte. En effet, le nombre de calories, tant sensibles que latentes, contenues dans un kilo de vapeur à la température t est $(606,5+0,305\ t.)$ (formule de Regnault.)

La vapeur a perdu en travaillant dans le cylindre un certain nombre de calories sensibles en rapport d'équivalence avec le nombre de kilogrammètres qu'elle a développés. Elle s'échappe donc au condenseur avec une température bien inférieure à celle qu'elle possédait en pénétrant dans le cylindre. Mais toute sa chaleur *latente* (c'est-à-dire la plus grosse part de ce qu'il a fallu dépenser pour la générer) s'engouffre dans l'eau d'injection et y disparaît sans avoir rien produit. La presque totalité de l'eau évacuée par la pompe à air, s'en va au ruisseau voisin, après avoir été réchauffée en pure perte de 30 ou 40° ; et c'est à peine si la pompe alimentaire repêche quelques calories dans ce courant que l'on est encore bien souvent gêné d'envoyer quelque part.

A cela vous ne pouvez apporter aucun remède, et lorsqu'une machine fonctionne avec une détente aussi prolongée que possible, des fuites, des frottements et refroidissements aussi réduits que possible, et un vide de 0.70 à 0.71 de mercure à l'échappement, l'idéal du genre est atteint. L'ingénieur et le constructeur requis de récupérer le calorique de ce torrent d'eau tiède qui s'en va dans un fossé ou dans un puits absorbant, ne peuvent que se récuser dans la plupart des cas. — Heureux êtes-vous encore, lorsque les voisins ne vous accusent pas d'échauffer et de vicier les nappes souterraines d'eau potable et ne vous font pas un procès.

Le but qu'a poursuivi M. Testud de Beauregard, a été d'affranchir la machine motrice d'une façon presque complète des quatre plaies que nous venons d'indiquer et de la dernière surtout. C'est celle-là en effet que l'on peut sans exagération qualifier de RUINEUSE.

Ne retirer du fluide moteur que le nombre de calories équivalant au travail mécanique à produire et réintégrer dans la chaudière tout le reste ou à peu près. — Tel est le principe fondamental de la machine *sans échappement*. Lorsque l'on voit combien la chose est simple, on se demande comment il a fallu des années d'études, de persévérance et de recherches pour arriver à cette conception. — Mais l'esprit humain est ainsi fait, et jamais aucune invention n'est arrivée à son incarnation la plus simple sans avoir passé auparavant par les formes les plus compliquées et les plus bizarres.

Quoi qu'il en soit, exposons les faits essentiels en quelques lignes. Nous verrons ensuite comment ils doivent s'appliquer, soit qu'il s'agisse d'en assurer le bénéfice à des machines existantes, soit que l'on ait en vue une installation à créer de toutes pièces.

Au générateur, nous ne touchons pas; et nous le laisserons, comme d'habitude, générer de la vapeur à 6 atmosphères au taux le plus réduit possible, ayant soin de bien déterminer pour cela la grille, le fourneau, le tirage, la surface de chauffe et tout ce qui s'y réfère.

La vapeur, sortant du générateur pourrait, à la rigueur, rester de la vapeur saturée. Mais il sera préférable de la faire passer dans un surchauffeur quelconque. Pour ce qui concerne ce surchauffeur, on peut examiner ce qui se fait dans les stéarineries et autres industries employant couramment la vapeur surchauffée. On peut également consulter les travaux de M. Testud de Beauregard sur la question, et aussi une brochure spéciale que nous avons publiée dans le temps. Quoi qu'il en soit, la vapeur sortant du générateur sera surchauflée ou, à la rigueur, elle ne le sera pas. Dans tous les cas, elle sera envoyée dans un récipient vertical cylindrique rempli d'eau et ne servira qu'à faire pression sur celle-ci. — L'intérieur du récipient est tapissé d'un enduit mauvais conducteur de la chaleur; une couche de liquide inconducteur avec liége en poudre à la surface, sépare l'eau de la vapeur agissante; et la communication entre le générateur et le récipient, est réglée par une sorte d'accumulateur ou pompe d'équation, de telle façon que la pression dans le récipient soit toujours inférieure de 1 atmosphère à la pression du générateur. Si donc, le générateur est à 6 atmosphères, le récipient contiendra de l'eau à 5, prête à jaillir par toute issue qui lui sera ouverte.

Ceci posé, supposons que nous dirigions cette eau vers la boîte de distribution d'une machine à vapeur quelconque. Prenons en outre la précaution de la ramener à 100° sur son parcours (au profit d'un résultat utile quelconque à obtenir de préférence). En faisant cela nous éviterons que cette eau n'ait une tendance à se transformer en vapeur à son premier loisir, et nous verrons plus loin l'intérêt qu'il y a à empêcher cet effet. Quoiqu'il en soit, nous amenons donc notre eau à 5 atmosphères dans une boîte de distribution. Il est bien évident que cette eau trouvant un orifice d'admission ouvert y pénétrera et ira pousser le piston jusqu'au bout de sa course, faisant faire à la machine un demi-tour. Il est évident également que le piston étant arrivé au bout de sa course, le tiroir (que nous supposons être pour le moment un tiroir simple à coquille) va fermer l'admission sur la face du piston où elle agissait, et ouvrir l'échappement tout en ouvrant aussi l'admission sur l'autre face. — La cylindrée d'eau qui venait de pénétrer dans le cylindre va donc s'échapper ; et une autre cylindrée pénétrant sur l'autre face du piston, fera achever à la machine sa révolution ; et ainsi de suite.

Jusqu'ici rien de bien merveilleux ; et si l'eau envoyée à l'échappement sous une pression de 5 atmosphères s'en était allée pour ne plus revenir, le résultat obtenu ne serait certes pas brillant. Mais nous allons la retrouver.

Evacuée du cylindre en effet, cette eau est aspirée par la succion énergique d'une batterie d'aspirateurs à vapeur surchauffée ; et l'expérience déterminera le nombre et la puissance des aspirateurs nécessaires à mettre en ligne pour qu'une aspiration ou dépression de 0,76 de mercure soit obtenue sur le piston. — Cette batterie d'aspirateurs emprunte sa vapeur à la chaudière. Mais la vapeur n'y arrive toutefois qu'après avoir été surchauffée. — La densité de la vapeur surchauffée étant rendue aussi faible que l'on veut, en la surchauffant à une température assez élevée, on comprend immédiatement que son action aspirante et refoulante dans un injecteur ou aspirateur, soit bien supérieure à celle de la vapeur saturée ordinaire, puisque la puissance d'un injecteur dépend beaucoup du rapport entre les densités respectives du fluide entraînant et du fluide entraîné. En outre, dans ce mode d'emploi de la vapeur surchauffée, la température peut être aussi élevée que l'on veut sans avoir à craindre de détériorer aucun mécanisme. — Quoiqu'il en soit, c'est dans le récipient intermédiaire que la batterie d'aspirateurs réintroduit l'eau ; et l'alimentation de la chaudière est constamment faite par une pompe alimentaire ou par un alimentateur à niveau constant, interposé entre la chaudière et le dit récipient.

Comme on le voit donc, le cycle est fermé et toute la quantité de calorique qui ne s'est pas transformée en travail dans le cylindre moteur, est récupérée, puisqu'elle pénètre à nouveau dans le récipient moteur.

Il n'y a d'exceptions que pour le nombre de calories qui ont été soustraites dans le trajet pour ramener l'eau à 100° et comme cette soustraction peut être opérée au profit d'un chauffage quelconque, utile à obtenir dans l'usine, nous sommes fondés à dire qu'il n'y a là en réalité rien de perdu. — Il est probable du reste que le réfrigérant intermédiaire prévu pour ramener à 100° la température de l'eau motrice pourra être supprimé. — Son seul but est de prévenir la formation de vapeur du côté de l'évacuation ou succion parce que cette formation pourrait gêner la réintégration de l'eau dans le récipient. Mais nous pensons que même sans le concours d'un réfrigérant, la dite formation de vapeur n'aura pas lieu. Dans tous les cas, ce que l'on perdrait de calories de ce côté pourrait être considérée en comparaison de ce que dévore l'échappement des machines actuelles, comme tout-à-fait dénué d'importance (1).

On voit donc en résumé, que la transformation proposée du régime de marche des machines à vapeur actuelles, peut être effectuée, à l'aide de quelques adjonctions très simples au matériel existant et qu'elle n'entraîne ni complication de mécanisme, ni dépenses considérables. On voit qu'elle procure une économie journalière énorme, puisque non-seulement sont supprimées les fuites de vapeur, condensations, refroidissements, etc., mais que toute la somme de chaleur qui ne s'est pas transformée en travail, est réintroduite dans la chaudière et récupérée. Est-il nécessaire d'insister sur ces points et exagère-t-on, lorsque l'on qualifie de *révolution industrielle* une telle innovation dans les ré-

(1) Au reste, M. Testud de Beauregard se propose de retirer le condenseur dont il vient d'être question, des essais faits jusqu'à présent lui ayant permis ce retrait.

sultats, avec si peu d'adjonctions d'appareils et de moyens?

Voilà pour ce qui concerne la transformation de la marche des machines à vapeur actuelles; et avant d'examiner ce qu'il convient de faire, lorsque l'on a à créer des installations de toutes pièces, répondons à quelques objections qui peuvent être faites dans ce cas spécial (le plus difficile à résoudre du reste) :

1° Les sections des conduits d'admission et d'échappement suffisantes pour la vapeur fluide élastique, deviendront insuffisantes pour l'eau, fluide beaucoup plus dense et créeront d'énormes pertes de charge ou frottements. — Réponse : Il suffit pour obvier à cet inconvénient, de réduire la vitesse des machines; et si leur puissance est ainsi réduite, ce ne sera pas de beaucoup, puisque l'on aura substitué la marche à plein effort sur le piston, à la marche avec détente. Cette question sera à étudier dans chaque cas particulier.

2° L'eau est incompressible, et sur une colonne d'eau en mouvement les accélérations suivies de ralentissements, engendrent des chocs et des pertes de force vive (et par suite de travail) considérables. Or, la vitesse linéaire d'une machine motrice est périodiquement variable, puisque le volant transforme le mouvement circulaire continu de la manivelle, en mouvement sensiblement uniforme. Maxima, vers le milieu de la course, la vitesse du piston est sensiblement nulle, vers les extrémités. Comment donc se comportera l'eau, possédant une vitesse acquise et une force vive correspondante, le piston arrivant au bout de sa course, lorsqu'on voudra le faire repartir, suivant une direction inverse? N'y aura-t-il pas là une destruction de travail et un choc violent.

Cette objection n'est que spécieuse; et pour la réfuter, on peut faire remarquer d'abord qu'il existe des moteurs hydrauliques ou à pression d'eau, à piston (moteur Schmidt de Zurich et autres), qui fonctionnent bien. D'ailleurs, l'eau est incompressible sans doute; mais, dans la marche que nous proposons, elle n'est, en définitive, poussée que par la vapeur, fluide éminemment élastique. La vitesse du piston diminue vers les extrémités de la course, mais ne diminue que *progressivement* et non brusquement, et enfin la succion énergique des aspirateurs, tendant à imprimer à l'eau une vitesse inverse, est encore, elle aussi, un *effort élastique* (si l'on nous permet cette expression). Pour tous ces motifs, il y aura peut-être à chaque coup de piston, un peu de force vive perdue, mais il n'y aura certainement pas de choc, et la force vive perdue sera certainement peu de chose. Au surplus, nous allons voir dans un instant que dans une installation à créer il est facile de se débarrasser radicalement et complétement du piston à mouvement rectiligne alternatif à vitesse variable, et des légères difficultés qu'occasionnera son emploi. Ne nous en préoccupons donc pas outre mesure. Un mot encore : une très légère avance, donnée au tiroir à l'échappement, pourra préparer la *cylindrée d'eau* à se diriger vers son échappement.

Economie énorme de consommation, suppression de tous mécanismes compliqués de détente, jointivité d'organes et de garnitures bien plus facile à assurer et à entretenir, simplification du graissage ; tels sont les résultats que l'application de la marche hydraulique des machines va permettre de réaliser du jour au lendemain ; et cela *avec les mauvaises machines actuelles, aussi bien qu'avec les bonnes.*

Est-ce la peine d'ajouter *la même eau servant toujours*, on va se DÉBARRASSER du même coup, des INCRUSTATIONS DES CHAUDIÈRES et de tous les *procédés désincrustants dont la multiplicité même* prouve l'inefficacité pratique?

Voilà ce dont tout le monde pourra profiter et devant l'importance de ces résultats, les petites rivalités de constructeurs et de systèmes disparaissent. — Mais si le principe est fécond et généreux, appliqué aux installations et aux machines existantes, c'est encore bien autre chose lorsqu'il s'agit de construire des machines neuves.

La marche hydraulique des machines ; c'est, en effet, du *jour au lendemain*, la réalisation pratique de la machine rotative, le piston moteur actionnant directement son arbre et débarrassé des complications mécaniques que l'on appelle la bielle, la manivelle, les glissières, les presse-étoupes de cylindre, les organes de distribution. Qu'est-ce qui a fait jusqu'à présent l'insuccès pratique des machines rotatives ? C'est d'abord la difficulté d'empêcher les fuites de vapeur sans créer des frottements et résistances considérables, d'où résultent une perte de travail et une usure rapide. C'est ensuite l'impossisibilité de bien utiliser, dans ces sortes de machines, le principe de la detente, sans laquelle l'emploi de la vapeur coûte encore beaucoup plus cher que lorsque la détente est utilisée.

Avec la marche hydraulique, ces difficultés s'évanouissent comme par enchantement, puisque l'importance des fuites est considérablement réduite et que, de détente, il n'en est plus question. Prenez donc une *pompe quelconque*, à piston rotatif, même à organes non jointifs, mais dans laquelle le travail soit aussi uniforme que possible, et renversez-en les fonctions. Au refoulement, envoyez le jet moteur; et faites agir sur la tubulure d'aspiration, la succion des aspirateurs. — Voilà votre problème résolu, et sur l'arbre de la pompe vous n'avez plus qu'à caller une poulie, ou un engrenage capable de transmettre tout le travail moteur engendré sur le piston à la vitesse adoptée. — *Plus de changements de direction; plus de changements de vitesse, plus de pertes de force vive; plus de frottements ni de fuites appréciables* si la vitesse est bien déterminée. *Plus de complications d'aucune nature.* — Les choses se passent comme si un piston moteur parfait s'en allait avec une vitesse constante et sans frottement dans un corps de pompe de longueur indéfinie, si la pompe employée est bien choisie. Le type qui présente réunies au plus haut degré les diverses qualités que nous venons d'énumérer, est incontestablement la POMPE GREINDL.

Nous ne donnons pas ici la description de la POMPE GREINDL, car elle est maintenant très employée et généralement connue; et des études théoriques très complètes et très détaillées ont été publiées sur cet appareil. Nous rappellerons seulement que *seule* la pompe Greindl réunit les qualités suivantes :

1° D'être sans frottement.

2° De donner à l'eau *sans l'emploi de réservoirs d'air*, et tant du côté de l'aspiration que du côté du refoulement, un mouvement *absolument uniforme*, d'où suppression complète de toutes pertes de force vive et rendement maximum.

3° D'être absolument débarrassée de ressorts et de garnitures quelconques.

La pompe Greindl convient donc entre mille à l'application projetée et constituera dans ces nouvelles conditions un excellent moteur, simple, facile à installer, à la portée du premier venu.

Nous ne pouvons en dire davantage dans un travail qui n'est autre chose qu'une esquisse générale et nous faisons appel au concours de tous pour *collaborer à la propagation d'une œuvre* dont tous doivent profiter. Voilà pour ce qui concerne la force motrice ou les applications dynamiques.

Mais les applications physiques et le chauffage par la circulation rapide et continue de l'eau riche en calorique substituée à celle de la vapeur, constituent un champ non moins fécond à exploiter, et dans une prochaine note, nous en aborderons l'examen.

Pour aujourd'hui, contentons-nous d'indiquer

rapidement le principe et les avantages de cette catégorie d'applications.

Chacun sait que la plupart du temps, lorsque l'on a à chauffer un liquide quelconque dans l'industrie (et Dieu sait si cela arrive souvent), on réalise ce chauffage en plaçant un ou plusieurs serpentins dans le bain à chauffer et en envoyant dans ces serpentins, de la vapeur à une pression et à une température plus ou moins élevées (qui n'excèdent guère 5 ou 6 atmosphères ni 160° en pratique et dans la plupart des cas). — C'est avec de gros tuyaux de vapeur, également, que se fait le plus souvent le chauffage des établissements publics. — La vapeur agit dans ces applications, de deux manières : 1° par sa chaleur sensible qu'elle cède par contact et par rayonnement ; 2° par la chaleur latente, que cède une portion de cette vapeur en se condensant. Cette dernière fraction du calorique utilisé, se réduit souvent à peu de chose ; et lorsque vous faites passer dans un serpentin, même très long, et même entouré d'un liquide très froid, un courant de vapeur en tenant ouvert le robinet de l'extrémité, vous remarquez qu'au bout de peu d'instants, presque toute la vapeur passe et que, malgré le renouvellement rapide de surfaces de contact, qui résulte du courant, le chauffage du liquide s'opère en somme assez lentement. C'est la meilleure preuve de la mauvaise utilisation obtenue. Lorsqu'au lieu d'ouvrir votre robinet, vous le fermez, ou que vous terminez son extrémité par un purgeur automatique, la vapeur ne se perd plus sans doute. Mais le chauffage se traîne toujours plus ou moins péniblement. — Cela s'explique par ce fait que la vapeur est très peu dense et que sa chaleur spécifique est faible. Dans un mètre de longueur de votre serpentin (même en donnant à celui-ci un assez gros diamètre), vous n'avez en somme, qu'un faible poids de vapeur, et par suite un faible nombre de calories. D'ailleurs, plus le diamètre est gros et plus le noyau central de la masse de vapeur (corps mauvais conducteur) devient inerte. — Supposons au contraire, qu'à la vapeur vous ayez substitué de l'eau sous la même pression et la même température, et vous aurez par mètre courant de serpentin, un nombre de calories utilisables, augmenté dans le rapport des densités et chaleurs spécifiques de l'eau et de la vapeur c'est à dire dans une proportion énorme.

Laissez donc les serpentins et les tuyaux de chauffage installés comme ils le sont : mais au lieu d'y envoyer de la vapeur, pauvre en calorique, envoyez-y un courant rapide d'eau chaude entraînée par l'appel puissant d'une batterie d'aspirateurs à vapeur surchauffée. Après avoir cédé sur son parcours une partie de sa chaleur, cette eau retournera au récipient dont elle sera partie, décrivant ainsi un cycle continuel, et constamment remise en mouvement et réchauffée par les aspirateurs. Il est clair que la vapeur des aspirateurs se condensant dans l'eau entraînée, le volume de l'eau en mouvement augmente et que le récipient finirait donc par ne plus pouvoir la contenir. Mais c'est au récipient que la pompe alimentaire prend l'eau d'alimentation destinée à la chaudière, et comme c'est précisément le volume d'eau vaporisée et condensée qu'il s'agit toujours de réintroduire dans celle-ci, on voit que l'équilibre des fonctions est parfaitement établi.

Telle est la révolution industrielle que M. Testud de Beauregard propose et dont la réalisation est comme on le voit facile à opérer du jour au lendemain, puisqu'elle ne comporte que l'addition de quelques appareils fort simples et fort peu coûteux, au matériel existant. Si pour les applications dynamiques on peut avoir quelques appréhensions jusqu'à ce que l'expérience les ait consacrées, le succès immédiat des applications physiques, ne paraît pas pouvoir faire l'ombre d'un doute. C'est du reste ce que nous développerons dans un prochain article.

Une réflexion seulement, pour terminer aujourd'hui.

Il s'agit dans tout ce qui vient d'être dit, de choses si simples à faire que la contrefaçon paraît facile au premier abord.—Nous ne pensons pas néanmoins que les industriels cèdent à la tentation mesquine, d'éluder le paiement de la prime de l'inventeur. On leur apporte le moyen assuré de bénéficier du jour au lendemain d'économies énormes ; et pour cela, il ne leur sera demandé qu'une redevance modeste, et des dépenses peu importantes. — Si du reste le programme est simple, il est le fruit de toute une vie de travaux, d'expériences et de recherches ; et ne serait-ce pas un bien sot calcul, que de se priver dans une installation du concours de l'inventeur lui-même, pour le frustrer injustement de ce qu'il a si bien gagné ? Ne s'exposerait-on pas en agissant ainsi à substituer une série de tâtonnements coûteux à un succès immédiat ?

Non, les industriels ne sont généralement pas aussi mauvais que cela, et ils donnent volontiers leur argent quand ils ont la *certitude* de le regagner amplement.

Toute l'industrie pourra évidemment profiter de cette révolution dans les installations et dans les procédés. — Mais il est certain que l'une des catégories d'applications pour lesquelles les avantages obtenus sont les plus frappants et les plus immédiatement tangibles, c'est la navigation.

L'arbre de l'hélice ou du propulseur attaqué directement par son piston-moteur ; l'encombrement et l'emploi des machines motrices réduites par conséquent à des limites tout à fait sans exemple jusqu'à présent, la consommation considérablement réduite et par conséquent les mêmes avantages répétés sur les chaudières ; la provision de combustible à emporter, réduite de plus de moitié ; la facilité d'avoir un appareil moteur de rechange ; voilà ce qui va résulter, du jour au lendemain, de l'application de ces principes si généreux et si féconds.

L. Poillon.

CHAPITRE V

Passy, le 18 janvier 1879.

Monsieur Testud de Beauregard, ingénieur.

Cher Monsieur,

J'ai lu avec la plus grande attention les notices relatives à votre dernière découverte, que vous avez bien voulu me faire l'honneur de m'envoyer. On peut dire vraiment qu'elle fera *Révolution* dans l'*Art mécanique.*

En effet, jusqu'à ce jour on a véritablement jeté et on jette encore dans les airs et en pure perte par les échappements (pour ne parler que d'une des nombreuses causes) des quantités de calories se traduisant par un nombre infini de kilogrammètres ou travail utile.

A coup sûr, aujourd'hui, autant d'ingénieurs

lisant vos notices, autant d'ingénieurs gagnés à sa propagation.

Vous avez fait jaillir l'étincelle, aux intelligences de la propager ; alors elle parcourera le monde scientifique avec une promptitude infinie.

Je ne crois pas que la routine puisse, cette fois, résister au choc de cette nouvelle et grande *découverte*, se révélant par votre *Machine Thermo-dynamique*, dans laquelle le calorique est véritablement moteur absolu.

L'exemple étonnant de prompte propagation d'effets mécaniques, obtenus par l'appareil *Giffard* sera répété et dépassé par vous.

Dans cette grande lutte du progrès sur la routine, chacun voudra et sera jaloux de s'inscrire après vous, pour faire triompher le système nouveau contre les errements défectueux de l'emploi de la chaleur, dans les machines actuelles.

Soyez assuré de mon concours et dès aujourd'hui je mets en étude une application pour la traction des tramways et pour la mouvementation des voitures routières.

Les études et les machines que j'ai fait construire, ainsi que les nombreuses expériences que j'ai faites, recueillies et annotées me permettent d'apprécier tout particulièrement la valeur de cette application aux *Tracteurs*.

Convaincu de la grandeur des résultats à obtenir, je ferai tout pour convaincre les autres, sûr de rendre service à tous.

Allons donc de l'avant et hardiment, sapons et remplaçons au plus vite, le système d'hier, vieux aujourd'hui.

Agréez, je vous prie, la nouvelle assurance de mon amitié sincèrement dévouée.

BOURSIER, Ingénieur.

Paris, 24 janvier 1879.

Poursuivant mon idée d'examen approfondi de votre invention et remarquant, tout d'abord, que son principe repose sur l'emploi de l'appel de l'eau et sur son refoulement, fait directement, je me suis mis à rechercher et à examiner les nombreux travaux faits à ce sujet par *MM. Bourdon, Giffart, Delpèche, Crozet-Fourneyron, Friedmann, Turcs, Scharp, Scellers*, etc., pour ne parler que des principaux, car à eux se sont joints les Ingénieurs des Compagnies de chemin de fer, des grandes usines industrielles et des manufactures de l'Etat.

Tous sont d'accord sur les principes suivants :

« L'eau est élevée de température dans un rapport direct avec la tension.

« L'élévation de température de l'eau pou-
« vant être employée varie de 12° à 50° maxi-
« mum.

« Avec la vapeur à 8 atmosphères (8 k. 264)
« on peut injecter de l'eau à 35°.

« Avec la vapeur à 3 atmosphères (3 k. 099)
« on peut injecter de l'eau à 50°.

« Avec la vapeur à 2 atmosphères (2k.066) on
« peu injecter de l'eau à 60° maximum. »

L'injection relative au degré de chaleur de l'eau employée, est donc inversement proportionnelle à la pression.

« Les appareils les mieux établis, n'injectent
« d'eau que les 30 ou 40 fois, le volume de la
« vapeur employée.

« Il faut dépenser beaucoup de vapeur quand
« on n'utilise pas le degré d'élévation de tem-
« pérature de l'eau.

« Enfin, l'effet utile des injecteurs employés
« comme pompes est des plus minimes en gé-
« néral. »

De ces considérants unanimes, il résulterait donc que : Dans votre appareil, qui comporte réemploi constant de la même eau, par conséquent eau à une très-haute température, l'application que vous voulez faire de la vapeur comme propulseur d'eau à une très-haute température, faisant retour, serait une ERREUR.

A mon grand regret, je m'empresse de soumettre à votre appréciation cette fâcheuse déduction.

Je dois vous dire que je suis sûr d'avance que M. Testud de Beauregard, l'ingénieur expert producteur de tant de découvertes et de tant d'applications si heureusement réalisées, ne peut avoir traité et soumis à l'appréciation du monde savant, un sujet donnant pareil résultat.

J'attends donc, cher Monsieur, une prompte réfutation, que je désire le plus vivement, dans l'intérêt général et dans l'intérêt particulier de ceux, qui comme moi, s'intéressent au succès de toute invention utile et profitable à l'industrie.

Agréez, etc.

Boursier, Ingénieur.

Passy, 30 janvier 1879.

Aujourd'hui, avec la même franchise qu'hier, mais content cette fois de l'aveu, après examen nouveau et réflexions faites au moyen des renseignements les plus concis que vous avez bien voulu me donner, je reviens à ma première lettre et je dis haut, sans crainte d'être démenti, ayant des chiffres en main :

Oui, vous avez fait, par l'application de la vapeur surchauffée ou désaturée à l'aspirateur refouleur et par l'emploi de l'eau, comme mode de transmission de mouvement, la véritable machine *Thermo-dynamique.*

Plus que jamais, je ferai tous mes efforts pour convaincre ceux qui, comme moi, pourraient avoir douté des résultats, que l'on peut obtenir dans les applications mécaniques.

Je vais, en conséquence, résumer de mon mieux notre entretien, afin de dissiper les doutes par la démonstration.

Votre invention reposant sur les propriétés qu'acquiert la vapeur par la désaturation, je vais faire ressortir plus clairement ces propriétés en mettant en parallèles, celles de la vapeur ordinaire ou saturée, employée actuellement et de la vapeur désaturée.

Ce n'est pas hasard, que vous ayez créé votre nouvelle *machine Thermo-dynamique,* car les nombreuses années d'études et d'expériences matérielles que vous avez faites, n'attendaient qu'un heureux moment de condensation, pour produire l'ensemble parfait que vous exposez.

L'appareil que vous employez est l'*Aspirateur-refouleur* que vous avez conçu, il y a nombre d'années et non l'*Injecteur* différemment réalisé. Dans le premier appareil au point de vue construction, si l'on fait abstraction de la vitesse différentielle des deux fluides (élastiques et incompressibles) la vapeur est au fluide incompressible comme 1 est à 100.

Dans l'*Injecteur*, employant la vapeur saturée on sait que le liquide n'est refoulé qu'en raison de la destruction du fluide élastique, c'est-à-dire la condensation de la vapeur. Pour remplir cette condition essentiellement obligatoire, il faut qu'il y ait entre les deux fluides dont nous venons de parler, une différence de température assez grande pour annihiler le fluide moteur en échauffant d'autant, le fluide mu. Il est donc aisé de se rendre compte des sommes de vapeur dépensées par injection, en pesant le liquide et constatant le chiffre gagné en température.

Dans l'*Aspirateur-refouleur*, employant la vapeur désaturée, la quantité de liquide joue un rôle important, aussi a-t-il été conçu dans la relation que je viens d'indiquer, c'est-à-dire plus importante en volume d'eau qu'en volume de vapeur. Il résulte donc que : dans le même temps, il y a par ce fait possibilité plus grande de diffuser la chaleur, ce qui équivaut à dire : possibilité fructueuse en pratique, de refouler un liquide à une température élevée.

Si l'on compare le jeu de l'*Aspirateur* avec celui de l'*Injecteur* on en déduit une loi d'égale valeur pour ces deux appareils, c'est-à-dire : que l'effet produit est corrélatif aux différences de densité, entre le fluide animant et le fluide animé.

Ces exposés font voir à quelle source de principes on puise en grande partie l'obtention de la réintégration, dans la nouvelle machine *Thermo-dynamique.*

Appuyant par l'analyse des phénomènes et prenant pour exemple de la vapeur à 600° centigrades, nous aurons :

1° Plus que triplé le volume de cette vapeur.

2° Transformé cette vapeur en un gaz anhydre; avantage très grand, la dessication de la vapeur jouant un rôle important vis-à-vis du rendement effectif.

3° Enfin et ce fait est de la plus grande valeur : éliminé dans le fluide moteur une très grande partie du calorique latent, laquelle est remplacée par un nombre restreint de calories à l'état sensible.

Si l'on rapproche ce qui vient d'être dit pour le liquide mis en proportion, vis-à-vis de la vapeur, on sera frappé de la ressource énorme présentée et l'on constatera ce fait éminemment profitable au point de vue industriel et surtout dans l'ordre de pensée qui nous occupe (la réintégration du fluide moteur) : *Une grande quantité d'eau refoulée* par la puissance d'*une parcelle de liquide transformé* en vapeur désaturée à une haute température.

Je viens de dire plus haut que la vapeur devait céder son calorique au liquide et conséquemment se condenser pour obtenir le maximum de l'effet utile. Dans l'*Injecteur* cette loi est féconde, pour l'*Aspirateur* elle préside de même, mais dans une autre relation.

Je m'explique : dans ce dernier appareil, la vapeur à 600° centigrades, contenant peu de *calorique sensible* d'une part, et une *très minime* quantité de *calorique latent* de l'autre ; il arrivera que grâce à la chaleur appréciable qui fait occuper au fluide élastique un *énorme volume*, nous récolterons le bénéfice de force avec peu de liquide vaporisé; effet obtenu avec les chaudières sphéroïdales. Dès lors, même avec une température élevée pour le liquide, *il y a rétroaction du volume en présence d'un froid relatif.*

Comparons de nouveau : dans l'*Injecteur*, de la vapeur à 3 atmosphères ou 135°, l'appareil permettant la mise en présence d'un liquide à 20° donne une différence de 115° et dans ces données il est dans d'excellentes conditions; avec de la vapeur désaturée conservée, à la même pression mais amenée à la température de 600° on peut grâce au volume relativement énorme, agir sur de l'eau dépassant même 100°, l'écart différentiel est alors de 500°.

Ce n'est pas tout, car le fait pratique est plus généreux.

En effet : Il y a une dizaine d'années M. Tes-

tud de Beauregard disait et écrivait : « La va-
« peur sphéroïdale (300°) et les expériences le
« constatent chaque jour, a la propriété de se
« condenser, non pas de proche en proche,
« comme la vapeur née de l'ébullition, la vapeur
« ordinaire, la vapeur saturée ; mais *immédiate-*
« *ment, spontanément.* Ce résultat semble être
« plutôt le fait d'une affinité que celui d'un
« refroidissement, le liquide employé dépassant
« quelquefois 80° et jouant néanmoins vis-à-vis
« de cette vapeur à haute température, le rôle
« de *réfrigérant.* En effet cette vapeur unique-
« ment employée pour la marche des chaudières
« sphéroïdales, donnait au condenseur par sur-
« face, un vide effectif de 0^m,71 colonne barome-
« trique. »

Il est donc bien simple, aujourd'hui, d'utiliser dans les aspirateurs le phénomène de condensation ou d'absorption, comme on voudra l'appeler, et être certain qu'il se produira dans les nouvelles machines *thermo-dynamiques* et cela d'autant plus facilement qu'il y est employé une grande quantité d'eau, diffusant le calorique.

Dans ces nouvelles machines, ce qui n'a pas encore été dit, c'est la somme de calorique dépensée, répartie dans le volume énorme du liquide (100 à 1) et répondant par une de ces harmonies cachées, latentes et que l'expérience seule dévoile : *absorption calorifique transformée en force effective.*

Pour démontrer clairement que l'étude approfondie et longtemps mûrie a présidé à l'invention nouvelle, je citerai encore ce que disait M. Testud de Beauregard, dans ses études sur la vapeur désaturée : « La vapeur, la vapeur « chaude, la vapeur à haute température, la « vapeur à son maximum de tension thermo- « métrique, contient infiniment moins de cha- « leur que celle qui est moins chaude, à basse « température, à son minimum de tension ther- « mométrique. »

Cela peut se résumer ainsi : la vapeur contient d'autant moins de chaleur que son degré thermométrique est plus élevé ou encore : la vapeur contient d'autant moins de calories que sa température est plus élevée.

Tout ce qui vient d'être dit et exposé démontre, d'une manière absolue : que l'homogénéité des forces, qui président aux résultats dans le nouvel ensemble formant la machine *Thermo-dynamique,* dérive certainement de faits successifs requis pendant une longue période de temps, amassés un à un et réunis aujourd'hui pour produire une véritable révolution industrielle.

Voilà, mon cher Monsieur, ce que j'ai

retenu de votre très intéressante conversation. Si la mémoire m'a fait défaut, veuillez me le faire connaître, ce sera une preuve de plus de votre sympathie.

Agréez, etc., etc.

BOURSIER, Ingénieur.

Passy, 6 février 1879.

Pour compléter ma dernière lettre au sujet de votre invention de moteur *Thermo-dynamique*, et poursuivant mon système de comparaison pouvant le mieux affirmer son importance industrielle, je viens rappeler et donner les formules, permettant avec chiffres de juger plus sûrement.

Dans les *Injecteurs* ou appareils dits Giffard, les principaux caractères qui se sont, après la mise en pratique, affirmés par l'expérience et qui nous intéressent plus particulièrement, sont : la dépense de chaleur, de force ou de calories, nécessaires pour l'introduction de l'eau dans les chaudières et le degré que peut avoir l'eau d'alimentation, à différentes pressions, pour être introduite avantageusement.

Les formules employées sont les suivantes :

pour la perte de chaleur par kilogramme de vapeur écoulée par la tuyère :

$$0{,}305\,(T - 100) \text{ calories.}$$

Supposant le poids de l'eau aspirée = P ; le poids p de la vapeur écoulée par la tuyère sera :

$$p = P \frac{v}{V - v}$$

V et v étant toujours les vitesses de la vapeur et la veine d'eau pour la pression correspondante à la température T.

La perte de chaleur est donc par kilogramme d'eau :

$$\frac{v}{V - v} \times 0{,}305\,(T - 100) \text{ calories.}$$

Supposons un des cas défavorables : de la vapeur à 8 atmosphères ; la température sera $T = 172°$; sa densité $p = 3^k94$ et sans tenir compte de la détente, pour la vitesse d'écoulement, on aura :

$$V = \sqrt{2\,g\,\frac{10330 \times 7 \text{ atm. effectives}}{3.94}} = 606^m00 \text{ par seconde.}$$

La vitesse v' de l'eau due à cette pression :

$$v' = \sqrt{2\,g\,\frac{10330 \times 7 \text{ at. eff.}}{1000^k}} = 37^m60$$

en prenant le coefficient k de la puissance du jet égal à 1.7.

Sa vitesse réelle sera

$$37^m60 \times \sqrt{1.7} = 49^m00 \text{ par seconde}$$

et supposant la densité D égale à celle de l'eau, on aura pour chaque kilogramme d'eau aspirée et introduite à la tension T :

$$\frac{49^m00}{606^m - 49^m00} \times 0.305\ (172^\circ - 100) = 1{,}9 \text{ calories.}$$

Prenant, d'autre part, avec les mêmes formules, de la vapeur dans les conditions les plus favorables, 1 atmosph. 1/2, on aura la température T égale à 112°4; sa densité égale 0^k855 d'où :

$$V = 348^m00 \text{ par seconde}$$

en prenant K coefficient de la puissance du jet égal 2; et la vitesse de la veine V égal 14^m30, la perte de chaleur par kilogramme d'eau aspirée sera :

$$\frac{14^m30}{348^m00 - 14^m30} \times 0.305\ (112^\circ 4 - 100) = 0{,}15 \text{ cal.}$$

d'où prenant la moyenne entre les cas défavorables ou à haute pression et ceux favorables à basse pression, on aura :

$$\frac{1{,}9 + 0{,}15}{2} = 1 \text{ calorie}$$

propriété de minime dépense de chaleur, s'appliquant aux *Injecteurs* comme aux *Aspirateurs* Testud.

Passant de là à la recherche de la température à laquelle on peut prendre l'eau d'alimentation, pour être dans les meilleures conditions, nous voyons qu'en règle générale, la vapeur, en se condensant, transmet à l'eau, ou plus exactement au mélange, la chaleur qu'elle possédait, en remarquant toutefois que, comme dans toute machine, elle ne peut restituer que la chaleur restant après abaissement de pression, c'est-à-dire dans ce cas à la pression atmosphérique. La différence entre les quantités de calorique initiales et finales étant l'équivalent du travail mécanique.

Prenant pour base les formules de *Regnault*, nous aurons pour celle relative à la chaleur de la vapeur d'eau

$$L = 606{,}5 + 0{,}305\ T$$

quantité de chaleur contenue dans 1 kilogramme de vapeur saturée à la température T. Simplifiant et admettant que la chaleur spécifique de l'eau soit 1, chaque kilogramme de vapeur saturée, tombée à la pression atmosphérique, possède et peut communiquer au mélange

$$606{,}5 + 0{,}305 \times 100^{\circ} = 637 \text{ calories}$$

appelant t la température initiale de l'eau d'alimentation,

t' la température en degrés centigrades du mélange ou du jet au maximum de débit,

t'' la température à laquelle on puisse prendre l'eau, on aura :

$$t' = t + \frac{p}{p + P} (637 - t)$$

ou encore : appelant V la vitesse de la vapeur à une pression quelconque, v la vitesse admise pour le jet d'eau et $\frac{p}{p + P}$ égalant $\frac{v}{V}$ on aura :

$$t' = t + \frac{v}{V} (637 + t)$$

faisant t' égal 100°, attendu que l'eau ne peut pas sous la pression atmosphérique, qui est à peu près celle du jet, dépasser cette température, on aura :

$$t'' = \frac{100° - 637 \frac{v}{V}}{1 - \frac{v}{V}}$$

Il est bon d'observer que t'' doit être diminué de quelques degrés, car il est difficile que t' puisse atteindre 100°.

Enfin appelant T' l'élévation de température qui est égale à $t' - t$, on aura pour le rapport Z de la plus petite quantité d'eau injectée à la plus grande et pour une même pression :

$$Z = \frac{T'}{T' + (t'' - t)}$$

Prenant pour exemple une pression de 8 atmosphères absolues, la température initiale de l'eau d'alimentation étant de 15° d'après les formules précédentes, on aura :

$$t' = t + \frac{p}{p + P}(637 - t);$$

$$\frac{p}{p + P} = \frac{v}{V} = \frac{49}{606} = 0,08$$

d'où

$$t' = 15° + 0,08\,(637 - 15) = 64°76$$

Mais la pratique et de nombreuses expériences qui nous ont été communiquées, donnent 55 à 60°.

Cet acquit pour les *Injecteurs* l'est aussi pour les *Aspirateurs-refouleurs* Testud.

Entrant maintenant dans le vif de la question, puisque nous avons dans la nouvelle machine *thermo-dynamique*, de l'eau qui peut nous arriver à une température supérieure à 100°, il nous faut expliquer ce qui nous permet l'alimentation à cette température. Les *Aspirateurs* acquièrent cette propriété à l'aide d'un nouvel élément introduit : *la vapeur désaturée ou surchauffée.* Cette propriété se résume en *rétroaction* assimilable à la condensation à un degré supérieur qui en produit tous les effets et qui résulte de ce que nous sommes en présence d'une vapeur spéciale, ayant un volume trois et quatre fois plus grand que celui qui répond à la pression; d'où l'on déduit que si on ramène la température de cette vapeur à celle de la vapeur saturée, c'est-à-dire que l'on diminue de trois ou quatre fois le volume, on produit une rétroaction ou condensation certainement bien supérieure à celle des *Injecteurs* ou appareils Giffard.

Il est démontré que la vapeur est animée d'une vitesse d'autant plus grande qu'elle est moins dense et que la vapeur étant à son maximum de dilatation, par conséquent de légèreté, acquiert une telle vitesse de translation qu'elle peut, dans le même temps, apporter plus de chaleur que la vapeur saturée.

Si nous admettons que toute force dérive du calorique, nous pouvons du connu passer à l'inconnu.

Le connu est qu'à 3 atmosphères on refoule pratiquement de l'eau à 50°; qu'à 8 atmosphères on refoule aussi pratiquement de l'eau à 35°, ce qui démontre que la vapeur saturée n'augmente sa vitesse de translation que proportionnellement à la pression (dans notre exemple le rapport est celui de 3 à 8, ou 2.66).

Prenant la vapeur désaturée, plus légère que les gaz fixes, sa vitesse de translation sera dès lors augmentée dans une proportion considérable, et l'exemple tiré des nombreuses expériences faites par M. Testud de Beauregard avec ses chaudières à vaporisation *Sphéroïdale* et surchauffeurs dans lesquels la vapeur à 6 atmosphères portée à 500° a acquis une vitesse de 1,800 mètres, on en déduit que les vitesses obtenues avec la vapeur surchauffée sont tellement considérables, que, dans un même temps, on peut admettre qu'il sera apporté un nombre de calories, assez grand pour obtenir des effets rétroactifs ou condensateurs suffisants pour aspirer et refouler de l'eau ayant plus de 100°.

Ayant bien établi les lois qui président à l'*Injecteur* d'une part, d'autre part, constaté les différences de conception et de construction qui se présentent dans l'*Aspirateur-refouleur* de M. Testud, il est bien difficile de formuler, ou au moins aussi difficile que cela le fut pour les appareils Giffard à leur apparition, eux qui ont soulevé tant d'incrédulités et d'objections.

En réalité, les formules n'ont été créées qu'après la réalisation, laquelle a permis la vérification nécessaire par lois et formules. On tire donc cette conclusion : qu'il a été cherché des formules justifiant le fait accompli.

Telle est la situation actuelle de l'appareil de M. Testud, qui est animé avec une vapeur infiniment légère, tenant, possédant une vitesse de translation excessive et représentant, au point de vue de la théorie de la chaleur, une quantité dominante de calorique sensible (force), puisque nous savons aujourd'hui que toute force n'est tirée que de la chaleur affectant le thermomètre.

A ce propos, rappelons la citation de M. Testud de Beauregard, aujourd'hui axiome : « La « vapeur n'abandonne à notre profit que la « force qui lui est communiquée par le calo- « rique sensible auquel elle est mêlée. »

D'autre part, l'appareil *Aspirateur-refouleur* oppose à la vapeur agissante, des sommes de liquide pouvant diffuser ou diviser le calorique, ce qui, dans un certain ordre d'idées, est, au point de vue théorique, une similitude complète de la condensation, fait justifié pratiquement. Ce qui suspend tout calcul immédiat, c'est le phénomène de rétroaction produisant obligatoirement un vide proportionnel, vide qui n'est produit dans les *Injecteurs* qu'à l'aide de condensation.

Il y a donc dans cette étude, dans la réunion des faits superposés, des éléments nouveaux, des phénomènes non encore étudiés, mais qui, en présence des calculs différentiels établis entre le volume d'eau et les volumes de vapeur, doivent, d'une façon indéniable, donner de nouveaux résultats.

On peut, en effet, admettre que les mêmes lois président, mais dans un ordre beaucoup plus élevé, au point de vue calorifique.

On ne saurait donc vous refuser à vous, mon cher monsieur Testud de Beauregard, la plus grande autorité en cette matière, ayant passé une grande partie de votre existence, à l'étude des phénomènes de la vapeur et de la chaleur, sous toutes leurs formes et leurs propriétés, et qui avez, après un grand nombre d'expériences, tant écrit à ce sujet.

La formule se créera pour votre appareil comme elle s'est créée pour le Giffard, et je suis sincèrement convaincu qu'elle justifiera, comme pour lui, la réalisation du fait (1).

Agréez, etc.

BOURSIER, Ingénieur.

---

(1) On étudie et on possède déjà des chiffres justificatifs, qui ne seront publiés qu'après examen de tous les points de vue auxquels se rattachent les phénomènes complexes, formant l'ensemble de la machine thermo-dynamique.

CHAPITRE VI

Paris, le 20 mars 1879.

Mon cher collègue,

Je m'empresse de vous remercier de l'envoi gracieux que vous venez de me faire de l'épreuve de vos applications physiques. C'est là je crois une des heureuses solutions du problème dont vous poursuivez depuis quelques années la réalisation, à savoir : l'utilisation la plus directe possible et par conséquent la plus parfaite du calorique.

Vous me connaissez pour l'un des fervents adeptes de la théorie mécanique de la chaleur. J'en ai trouvé la confirmation la plus certaine dans les études auxquelles, je me suis livré à propos des machines frigorifiques et des moteurs à gaz.

Personne ne peut donc plus que moi applaudir aux tentatives qui sont faites pour débarrasser le calorique, seule cause de la force et du mouvement, de ces mécanismes compliqués qui dans nos machines actuelles sont autant d'entraves, paralysant les évolutions de la chaleur et gênant sa transformation en travail.

Continuez donc vos essais, sans vous arrêter aux critiques mal fondées dont ils sont l'objet. Combien de gens parmi ceux qui veulent apprécier vos travaux, ne comprennent pas l'esprit qui les dirige !

Il existe encore beaucoup de constructeurs très distingués, qui dans les appareils de force motrice, ne veulent voir que le squelette qui se meut, et non la chaleur, c'est-à-dire le souffle qui les anime !

Dans une machine, si l'on peut se dispenser d'un organe pour recevoir l'agent véhicule du calorique et lui permettre de se manifester sous forme de travail mécanique, il n'y a aucune raison pour laisser subsister des rouages intermédiaires, dont le frottement et les déformations intérieures absorbent comme forces passives, une grande partie de l'effet utile.

Votre récent projet de système hydro-dynamique ou calorique moteur, rentre dans cet ordre d'idées ; il est rationnel, logique : j'attends donc avec une impatience pleine d'espoir, les résultats des expériences que vous allez entreprendre.

Les merveilleuses découvertes du téléphone et du phonographe nous ont révélé bien des choses inattendues sur le mystère qui enveloppe le jeu des forces naturelles. Il serait donc téméraire de prétendre que l'avenir est fermé, en ce qui concerne les machines thermo-dynamiques. Le champ reste tout grand ouvert aux chercheurs persévérants et courageux tels que vous.

Croyez, mon cher collègue, à l'expression de mes sentiments de respectueuse cordialité.

ARMENGAUD, jeune.

CHAPITRE VII

Nos œuvres sont incessamment perfectibles.

Depuis vingt ans et plus peut-être, il est déposé chaque année un grand nombre de brevets pour un type de machine... la plus simple, conséquemment la moins coûteuse d'achat et certainement la plus rationnelle dans le sens théorique.

Toutes ces études brevetées portent titre identique : MACHINE ROTATIVE.

Où s'enfouissent ces œuvres, résultat d'observations, de calculs et de persévérance ?

Ce n'est ni dans l'usine, ni dans l'atelier, ni pour nos locomotives, ni pour nos bateaux à vapeur.

Pourquoi ?

Nous l'avons déjà dit, répétons-le, parce que nos travaux, nos études procèdent toujours du composé au simple, — le simple, en dernier ressort.

La vapeur en est une preuve flagrante, on veut une force, on la puise dans les gaz, lequel choisit-on, le plus instable de tous, la vapeur d'eau.

De là obligation absolue d'organes étanches.

Le savoir nous apprend que se[illegible], la chaleur est force effective, les corps qui la contiennent (véhicules), ne la retenant pas, comment l'emprisonner, l'asservir ?

Parmi les gaz instables, la vapeur d'eau est de tous, le plus coûteux à engendrer, à cette dépense un palliatif... L'emploi de la détente qui en réalité n'est économique que comparée aux pertes constantes d'une marche, non réglée sur les résistances. Economie d'abstraction, car moins de vapeur, moindre force.

Néanmoins utile résultat, savante combinaison, mais partant d'un autre ordre d'idées, il y avait mieux à faire ; ce mieux nous l'avons décrit, démontré, c'est l'emploi de fluides non élastiques. Nous étendre davantage, c'est revenir sur nos pas.

Aujourd'hui nous présentons une combinaison nouvelle, ne perdant aucun des principes généreux d'hier et enrichi de ce qu'apporte l'étude fécondée par l'observation de chaque jour, qui constitue ce qu'on appelle l'expérience.

Cette dernière nous a fait encore simplifier l'ensemble déjà si simple présenté à nos lecteurs. Qu'avons-nous fait ?

Un changement insignifiant en apparence, la batterie d'aspirateurs à l'admission, au lieu d'être comme primitivement à l'échappement, une inversion dont l'importance (nous en sommes convaincus) sera appréciée.

Décrivons cette marche nouvelle :

Dans le récepteur, PLUS DE PRESSION, plus de vapeur comprimant. Appelé par le jet expansif, le liquide est refoulé sur une des faces du piston avec toute la puissance de la pesanteur due à la pression, *augmentée de la densité du liquide employé,* pendant que l'autre face est simultanément sollicitée par un vide résultant du déplacement en volume.

Tout est dit, le cycle est actif et les lois qui l'animent sont constantes, on va le voir plus loin.

Constantes, si le calorique absorbé par le liquide répond au nombre de calories dépensées dans la transformation en force, en travail.

Mais s'il y a excédant de chaleur, si le liquide du récepteur tend à s'échauffer, quelle que soit la lenteur de cet excédant, l'équilibre est rompu.

Où est la faute? Dans le nombre de calories déversées par la vapeur; dès lors, désaturons davantage cette dernière et grâce à l'augmentation de volume, le liquide mû s'échauffera moins dans le même temps, d'où il résultera... RÉTABLISSEMENT D'ÉQUILIBRE.

Le rêve de *Newcomen* est réalisé au-delà de ses aspirations..... D'ailleurs, ne s'agissant que de quelques calories par coup de piston, n'avons-nous pas le rayonnement, rebelle toujours aux moyens qu'on lui oppose et ce n'est pas tout, car nous pouvons encore recourir aux lois d'affinités, elles sont généreuses et c'est grande ressource, ainsi qu'on va le voir.

Parmi les sels chimiques les plus avide d'eau, est le chlorure de calcium, qui calciné sert au laboratoire à dessécher les gaz; dissolvons-le, l'affinité diminuera, mais ne s'annihilant pas; ce qui reste de puissance absorbante, s'ajoute à la condensation et du même coup nous aurons gagné propriétés profitables, élévation dans le point d'ébullition de l'eau, conséquemment facilité de retour à l'état liquide par la vapeur, densité plus grande du fluide incompressible, ayant pour résultat une force acquise *toute gratuite.*

Ici, une considération particulière se présente,

celle-ci : avant l'alimentation par le jet de vapeur, nul n'eût pu croire à l'admission de l'eau dans une chaudière, sous la seule influence des forces de cette chaudière, il y avait là surplus de travail tenant compte de la résistance d'introduction, parfaitement égale à la puissance de propulsion. Si, théoriquement, on s'était posé ce problème, on se serait avec grande justesse demandé où puiser la force nécessaire à l'élévation du liquide, à vaincre son inertie, à sa propulsion, au soulèvement de la colonne fluide s'opposant à l'introduction?

Pourtant le problème est résolu pratiquement et se reproduit partout depuis plus de 15 ans (les injecteurs) ; on sait aujourd'hui que ce phénomène d'accroissement de force vive n'est dû qu'à la densité du liquide.

A part l'alimentation, cette si INTÉRESSANTE observation pratique, est restée stérile, le fait observé en est encore au point de départ, pourtant, un moyen d'augmenter la puissance de la vapeur *sans équivalent calorifique*, est *progrès enviable* en face de son coût. Quelques grammes seulement de force gagnés se multipliant par la surface du piston, est principe fécond à méditer, la force sans absorption de chaleur et par ce fait, L'ÉQUILIBRE RÉSULTANT DE LA TRANSFORMATION EN TRAVAIL.

Cet acquis du savoir nous l'apportons, nous

l'utilisons aujourd'hui pour toute machine, quel qu'en soit le mode, le système.

Quel fonctionnement plus simple peut être exposé? Marche hydraulique et possibilité de l'effectuer à FROID.

Ce qui constitue une véritable révolution industrielle, ce n'est certes pas notre travail, mais il en est la cause, grâce à lui, l'emploi des forces motrices va décupler; dès l'instant qu'une seule machine rotative sera plus économique que nos machines aujourd'hui les plus perfectionnées, la force, le mouvement pénétrera partout. La barque du pêcheur aura sa puissance motrice aussi bien que le vaisseau de ligne, et la tempête, sans perdre de son intensité, devient moins dangereuse; les locomotives ne jetteront plus inutilement au vent, leurs effluves bouillants, et, dépouillées des organes coûteux qui les animent (cylindres, pistons, bielles, etc., etc.), sans perdre force ni vitesse, gagneront en plus-value, la différence du coût dans leur fabrication.

Et dans l'usine, que de place restituée au travail? Plus d'immenses volants, plus de machines monumentales; la même puissance s'effectuera sous volume réduit, par une pompe Greindl ou autre, transformée en moteur.

Avons-nous dit tout ce que nous avions à dire? Non, le champ est trop vaste.

Avec l'eau, si nous l'employons à la température ambiante, possibilité immédiate de transmettre la force à de *longues distances*, horizontalement ou verticalement et, conséquence qui ne passera pas inaperçue, moyen certain d'éviter ces sinistres dûs aux explosions, sujet traité dans la transformation de la navigation. (Voir *L.-C.*).

Veut-on s'étendre davantage : des sociétés vont se créer pour fournir dans les villes, la puissance mécanique dont elles ont besoin ; l'eau sous pression y circulera dans des conduites en U (aller et retour) sur lesquelles seront greffées toutes forces empruntées (industrielles, domestiques).

Pourquoi non ?

En Amérique on a bien osé faire circuler la vapeur. Avec un tel précédent, peut-être osera-t-on en France faire circuler l'eau froide à 5 ou 10 atmosphères. Ce courage serait d'autant mieux justifié, que l'eau ferait constant retour, ce serait d'ailleurs, pas accompli, mouvement et puissance à chaque étage, venant à propos aider la propagation de l'électricité, comme mode d'éclairage.

Quant aux applications physiques !

La chaleur à meilleur marché, répandue à profusion dans chacune de nos demeures, quel progrès sanitaire ! La force et la chaleur à profusion pour tous, la force et la chaleur partant d'un point pour y revenir, la chaleur salubre, économiquement et uniformément répandue pendant l'hiver. Et puisque l'eau froide circule avec le même principe et sous une même impulsion, ce sera pour nos habitations, fraîcheur pendant l'été.

Si ce travail, au point de vue mécanique présente à la spéculation large horizon, on peut ajouter que pour les appropriations physiques si nombreuses, ce sera noble et fructueux emploi du capital.

L'agriculture et l'horticulture trouveront là puissants moyens de fécondation. Liquide circulant à la température voulue, ne produisant que bien, ce ne sera ni le printemps, ni le soleil, mais à moment voulu, ce sera la terre doucement, progressivement, méthodiquement chauffée; la plaine alors devient serre chaude et si l'on y associe l'acide carbonique, l'électricité statique et la lumière électrique, on aura mis à profit les ressources actuelles du savoir.

En terminant, un rapprochement philosophique :

Dans ce travail, ce qui peut provoquer *à priori* un doute, c'est l'ampleur des résultats en face de la simplicité de conception, mais aussi ce qui inspire confiance, c'est qu'en réalité, il n'y a qu'une imitation puisée aux lois qui régissent.

Pour le cycle constant, que nous avons décrit,

nous nous sommes inspiré de l'immuable exemple de la nature, qui partout et toujours nous montre un cercle, tracé par elle d'une façon indélébile.

Les eaux qui sillonnent notre globe, ont pour mission le parcours de ce cercle. Liquides, elles subissent les lois de la pesanteur et gazéïfiées par la chaleur elles s'élèvent dans l'air, puis retombant condensées, réaccomplissent à nouveau le trajet ordonné incessant.

L'enseignement est loi : ignorant qui l'oublie.

CHAPITRE VIII

Paris, le 8 mai 1879.

Mon cher Monsieur Testud de Beauregard,

Je vois avec plaisir que vous entrez dans la voie que j'entrevoyais, le 17 janvier dernier, quand je me risquais à donner, dans vos *Lettres-Causeries*, mon appréciation sur votre *nouveau mode d'emploi de la vapeur.*

Vous vous occupez de l'application du nouveau mode d'emploi de la vapeur à *la machine rotative*, à la machine qui, si ce n'était sa dépense considérable de vapeur, par défaut de fermeture hermétique de son piston, serait la machine la plus employée à terre, dans les usines, ou sur les chemins de fer et les routes ordinaires, comme sur mer et fleuves pour les navires, parce qu'elle serait la moins coûteuse d'acquisition, la plus facile à installer et la plus économique à entretenir.

Je vois aussi, avec le même plaisir, que prévenant les difficultés que quelques personnes prévoyaient à tort ou à raison et vous signalaient, vous avez fait breveter une combinaison nouvelle des organes principaux de vos applications dynamiques.

Votre batterie d'aspirateurs, au lieu de servir, comme dans la première disposition, à l'aspiration de l'eau du côté négatif du piston, pour la refouler avec la chaleur que la vapeur lui communiquerait dans le *récepteur* intermédiaire, entre le générateur et la machine, sera employée directement, du côté positif du piston en refoulant l'eau, d'abord froide, du *récepteur*, qui ne communiquera plus avec le générateur, et dans lequel il existera un vide relatif qui appellera l'eau sortant du côté négatif du piston.

Plus de doutes, le cycle est complet, mais craint-on encore que la chaleur apportée par le jeu des *aspirateurs*, ne soit pas toute absorbée par le travail de la machine et qu'il ne s'en amasse dans le récepteur, une quantité assez grande pour que la dépression n'y soit plus possible, et par conséquent que la pression ne finisse par s'y équilibrer avec celle apportée par les aspirateurs, quoique cela ne paraisse pas possible, parce que les aspirateurs fonctionnent avec une puissance, qui comme dans l'injecteur Giffard, leur est propre, et qui est supérieure à la pression du générateur qui les anime. Vous avez eu raison, en prévision de cette crainte, de prévenir l'élévation de température possible de l'eau du récepteur par un moyen plus radical que celui que je vous proposais naguère : l'emploi simultané des applications dynamiques et physiques, cette dernière utilisant la chaleur que la première n'aurait pas employée.

Vous désaturerez et surchaufferez donc la vapeur prise au générateur de façon à en augmenter considérablement le volume et à en prendre, par conséquent, un moindre poids au générateur, et par suite, à n'échauffer l'eau du récepteur que dans un temps beaucoup plus prolongé, si même vous n'évitez pas complètement son échauffement.

Vous allez plus loin, grâce à l'addition dans l'eau du récepteur, d'une certaine quantité de chlorure de calcium, vous augmentez la densité de cette eau, vous en retardez le point d'ébullition tout en augmentant la puissance de vos aspirateurs, puisque l'effet produit par eux doit être, comme il le serait dans l'injecteur Giffard, d'autant plus grand que le fluide animant serait plus léger et que le fluide animé serait plus dense.

Il est bien certain que lorsque l'injecteur Giffard parut, bien des ingénieurs, avant de l'avoir vu, ne croyaient pas à son fonctionnement; l'inventeur lui-même ne soupçonnait pas, alors, que son appareil était capable de refouler de l'eau dans un générateur fonctionnant à une pression P avec de la vapeur prise à un générateur à une pression P' moins grande que celle de la chaudière alimentée; si l'on avait eu alors l'idée de désaturer et de surchauffer cette vapeur, on aurait obtenu des résultats plus surprenants encore, en raison du volume bien plus considérable occupé par la vapeur désaturée et surchauffée. Or, si avec cette augmentation de puissance de l'aspirateur, vous augmentez la densité et le degré du froid relatif de l'eau du récepteur, on peut bien admettre que vous emploierez dans le travail de la machine, toute la chaleur communiquée à l'eau par les aspirateurs.

Les applications dynamiques de votre nouveau mode d'emploi de la vapeur, si cette extension des effets de la puissance des injecteurs ou aspirateurs est réalisée, sont indéfinies et les résultats incalculables.

Quant aux applications physiques, auxquelles j ai eu tout d'abord le plus de confiance, il y a également des résultats bien fructueux à faire recueillir à l'industrie.

Je termine en vous adjurant de faire en sorte de démontrer publiquement, le plus tôt possible, la réalité de votre nouveau mode d'emploi de la vapeur.

BOUGAREL.

CHAPITRE IX

Paris, le 12 mai 1879.

Cher Monsieur,

Vous avez bien voulu me communiquer la modification apportée à votre ensemble thermodynamique, avec prière de l'examiner et de vous faire connaître mon appréciation.

Je le fais avec d'autant plus de plaisir, que dès le principe, j'ai attaché le plus grand intérêt aux vastes résultats qui doivent s'en suivre.

Permettez-moi de vous dire franchement et tout d'abord, que vous avez énormément agrandi votre importante découverte en transportant l'action des aspirateurs, l'âme véritable de votre invention.

C'est, au milieu d'un faisceau lumineux, un soleil que vous faites apparaître.

La simplicité de cette transposition étonne au

dernier degré et les effets qui en résultent font concevoir qu'il n'est point de limite au génie. Ce n'est point une flatterie ou de vains compliments que je viens vous adresser. Non, je parle à l'ingénieur, je parle en mécanicien pratique, amoureux de tout ce qui est science et progrès, cherchant dans l'observation constante de tous les phénomènes, en passant des effets à la cause et de la cause aux effets, à en tirer tous les résultats possibles. Heureux dans ma simplicité lorsque je rencontre un pas accompli au profit de tous, au profit du progrès.

La nouvelle propriété que vous ajoutez à votre appareil pour le nouveau mode d'emploi de la vapeur, consiste en la propulsion des organes mécaniques, non seulement par la force répulsive des aspirateurs mais encore par le supplément d'une force restée jusqu'à présent sans utilisation, force que vous augmentez dans une relation notable, en rendant d'une part, la vapeur motrice légère, et de l'autre le liquide plus dense par l'addition du chlorure de calcium.

Pour bien juger des résultats que vous pouvez obtenir, examinons d'abord le fonctionnement d'un appareil injecteur-refoulant, placé sur une chaudière verticale dans les conditions générales suivantes : l'arrivée de l'eau se faisant à $1^{m}50$

au-dessous du niveau normal et l'aspiration immédiatement au-dessous du corps de l'appareil; le fonctionnement sera bon et l'alimentation convenable.

Pour cela, l'eau rompt son inertie, soulève le poids de la soupape de retenue et celui de la colonne d'eau s'opposant à l'admission, imprimant à ces masses une certaine vitesse.

Or, si au lieu de la soupape, nous supposons un piston de même diamètre, ce piston sera mû avec une force et une vitesse égale à celle communiqués à la soupape et à la colonne d'eau.

Il est d'évidence que la vapeur prise au générateur n'arrive à l'injecteur qu'avec une pression moindre, en raison du travail de translation et des pertes rayonnantes; néanmoins l'alimentation s'effectue. On ne peut donc dans ce fait nier l'augmentation de puissance provenant de la densité du liquide.

Bien plus, des expériences à cet égard ont prouvé qu'on pouvait alimenter une chaudière avec une autre de moindre tension manométrique; enfin on a pu constater dans l'alimentation avec injecteur, une différence de pression d'une atmosphère à une atmosphère et demie au moins, entre la chaudière animant le liquide et celle qui le reçoit.

On doit donc déduire de ces expériences que

la force acquise par le liquide est augmentée d'une quantité au moins égale à cette différence.

Le cycle du mouvement établi démontre l'importance des avantages donnés au nouveau mode d'emploi de la vapeur, en disposant les aspirateurs pour l'action eflective de projection.

De la comparaison que nous avons faite précédemment de la soupape au piston, il est aisé d'en concevoir que nous pouvons agir sur un piston d'une grandeur voulue, c'est-à-dire offrir la surface nécessaire à la puissance que nous voulons produire.

Voilà, cher monsieur, comment j'ai compris et me suis expliqué les importants résultats que vous avez obtenus par la nouvelle disposition de votre machine *thermo-dynamique*.

Recevez, etc.

BOURSIER, ingénieur.

Paris, le 14 mai 1879.

Dans ma dernière lettre, j'ai examiné l'importance acquise par votre nouveau mode d'emploi de la vapeur ou machine thermo-dynamique, par le perfectionnement apporté en inversant l'action des Injecteurs. Aujourd'hui, je vais examiner les effets produits au point de vue industriel et commercial.

Nous savons d'après les comptes-rendus officiels, qu'en 1863, la France avait en mouvement 22,516 machines et qu'en 1875, il y en avait 32,006 représentant 400,756 chevaux. Par simple proportion, nous pouvons admettre qu'aujourd'hui il y en a bien 42,000 représentant 517,599 chevaux. Chiffres certainement au-dessous de la réalité, car chaque jour, de nouvelles industries se créent, et chaque jour, l'emploi de la vapeur se répand de plus en plus. Les expositions universelles, et la dernière surtout que nous venons d'admirer, nous montrent le nombre considérable de nouveaux constructeurs qui se sont établis pour fournir à l'industrie les moteurs à vapeur qui lui sont nécessaires.

Pour n'en citer qu'un seul, donnant force à notre dire, nous savons que les machines Corliss livrées à l'industrie, sont à ce jour au nombre de 475, représentant 65,000 chevaux.

Dans les chiffres officiels, ne sont pas compris les locomotives et les bateaux à vapeur, représentant une force considérable.

Rappelons un des faits les plus saillants de votre travail, c'est-à-dire la possibilité de remplacer immédiatement nos machines rectilignes par de simples rotatives, turbines ou pompes centrifuges selon appropriation. On est surpris devant l'énorme différence de coût.

En effet, si nous prenons comme exemple une machine Compound de 20 chevaux, dont le prix est de 22,000 francs, et que l'on conçoive son remplacement par une machine rotative, animée par l'ensemble Testud de Beauregard, ne coutant que 6,000 francs, il en ressort une différence de 16,000 francs, soit une économie de premier établissement de 72 %.

Devant un pareil résultat il y a bien lieu de comprendre que l'emploi de la vapeur, comme force motrice, se répandra rapidement dans toutes les branches de l'industrie dont l'extension est paralysée par le coût excessif.

Et pour la marine, quel vaste champ à exploiter. Ces machines colossales des navires de guerre, si encombrantes et si coûteuses, pouvant être remplacées par de simples pompes rotatives, dont la comparaison seule fait pressentir l'énorme différence de prix. Dans ce domaine de la navigation maritime, ou tout particulièrement l'espace et le poids sont des conditions capitales, la place de la machine thermo-dynamique est indiquée d'avance, comme devant être au plus tôt appliquée aux grandes exploitations de la pêche et des transports.

Une autre branche, non moins importante, est celle des locomotives de nos chemins de fer, dont une seule est un monde, quelle transformation!

Toute cette forêt de pièces disparait pour faire place à de simples tambours. Aussi cette importante question de nos locomotives routieres, tant désirée et tant appelée par le commerce trouvera-t-elle sa solution immédiate, son point fondamental étant uniquement le bas prix de ces machines.

Ce n'est pas tout, l'agriculture aussi appelle la force motrice pour suppléer aux bras qui lui font défaut, surtout aux moments opportuns. Par la modicité de prix, par sa simplicité, n'est-il pas certain que l'ensemble thermo-dynamique répondra avec avantage dans toutes les exploitations où la force est nécessaire.

Nombre d'autres applications mécaniques, industrielles, seraient à citer, par exemple, pour les petites industries et les besoins domestiques : la force distribuée à bas prix, le liquide employé revenant au point de départ.

Parallèlement au domaine de l'application *mécanique* est celui des applications *physiques* qui, pour être moins cité et moins connu, parce qu'il est de plus récente appropriation, n'en est pas moins important; là, les résultats plus saisissables, font ressortir davantage les intérêts immenses de l'application immédiate.

En effet, pas de machine, une simple disposition nouvelle; l'injecteur dispensant normalement et économiquement la chaleur. Que d'industries appelées à utiliser ce nouveau mode d'emploi de la vapeur : le chauffage des établissements publics et privés, la chaleur, comme l'eau, comme le gaz dans toutes les maisons, à tous les étages; les cuissons alimentaires, les distilleries, les teintureries; les effilochages, etc., et tant d'autres qui en découlent.

Là, se rencontre aussi l'*Agriculture* pour des effets nouveaux et importants à exploiter, je veux parler de ceux souterrains dont la valeur peut nous toucher d'une façon plus saisissante : la possibilité d'activer les germinations et les croissances et par une savante combinaison, augmenter certaines récoltes, les multiplier même. Ne voit-on pas ce que pourront obtenir sous nos yeux les maraîchers, ces grands dispensateurs de la vie matérielle, en sillonnant leurs champs et leurs plaines de conduits laissant circuler de l'eau chaude, dispersant le calorique à si bon marché. La distribution de la chaleur sous les racines, réveillant les sucs généreux engourdis dans les terres, les rayons solaires ne pouvant les atteindre, faute de temps. Je crois qu'en combinant l'action de la chaleur artificielle transportée souterrainement aux pieds des plantes, avec celle naturelle du rayon de soleil ayant action extérieure, on parviendra à des effets étonnants, et ce, sur une vaste échelle. Nous en avons déjà des exemples obtenus par des moyens fort coûteux et qui nous procurent les légumes, les fleurs et les fruits en plein hiver.

De tous les avantages pouvant être réalisés par les applications industrielles de l'ensemble Testud de Beauregard, tant au point de vue mécanique que physique, et qui viennent d'être succintement indiqués et esquissés, il résulte non seulement une *Révolution industrielle* mais aussi une *Révolution commerciale.*

Agréez, etc., etc.

BOURSIER,
Ingénieur.

CONCLUSION

C'est à l'aide d'expériences directes, mais partielles, que nous nous sommes renseignés sur la valeur réelle, pratique; ce sont ces expériences qui ont permis d'affirmer. Mais voulant conclure d'une façon indéniable, éliminons de cet ensemble tout ce qui peut, à tort ou à raison, être discuté.

Il reste donc :

1° Une machine qui, pour la *première fois*, VA FONCTIONNER AVEC DE LA VAPEUR DESATURÉE, A HAUTE TEMPÉRATURE (500 à 600° centigr.); de ce fait seul on peut conclure que l'économie apportée sur tous systèmes, sans en excepter les détentes Corliss et Compound, comparées et relatives entre elles, sera toujours d'un chiffre dont le minimum dépasse 40 %.

Le temps et le nombre des expériences ont prononcé à cet égard. Les rapports français, anglais, allemands, belges varient de 27 °/₀ à 37 °/₀, chiffres d'économie obtenus par de la vapeur n'ayant que 200° environ, donc, etc., etc...

Nota. — On ne saurait arguer l'altérabilité des organes mécaniques ayant pour cause la haute température du fluide employé ; ce fluide est, ainsi que nous le disons plus loin, spontanément transformé en travail dans le liquide transmetteur animant les machines, et cela sous température plus basse que celle de la vapeur employée aujourd'hui.

2° FORCE GRATUITE GAGNÉE (addition au brevet principal, chap. VII), d'où il *résulte*, grâce à une loi généreuse restée jusqu'à ce jour sans autre utilisation que celle de l'alimentation des générateurs, qu'une puissance égalant au moins 2/3 d'atmosphère sans équivalant de dépense, est dans cet ensemble profitablement répartie sur toute la surface positive des pistons moteurs.

Nota. — Cette fois encore, nous nous basons sur un chiffre moindre, l'expérience ayant donné jusqu'à 1 1/2 at. — On remarquera que nous ne tenons pas compte de l'augmentation de densité du liquide par le chlorure de calcium.

3° PREMIÈRE MACHINE A CONDENSATION SPONTANÉE, sans pertes, ni de vapeur, ni de liquide dérivant du refroidissement, et par ce fait alors suppression des masses d'eau destinées à la réfrigération, *ce qui implique* une autre économie de haute importance : la conservation des sommes de chaleur, naguère perdues dans les eaux échauffées, pour cette cause rejetées.

Nota. — De la condensation spontanée d'une part et de la constitution ou économie de l'ensemble de l'autre, *il résulte* la réalisation de la *détente théorique,* c'est-à-dire marche à pleine pression sous un vide donné et O pression à fin de course. (Voir détente, chap. III).

4° CYCLE TRACÉ POUR LA PREMIÈRE FOIS (*machines sans échappement*), *ce qui implique,* sans conteste possible, la certitude de non-pertes, d'où *il résulte* épargne de chaleur dont l'expérience donnera la valeur, dont le raisonnement déjà, peut permettre de se rendre compte.

5° La TRANSFORMATION des machines composées à mouvement rectiligne, en MACHINES SIMPLES A MOUVEMENT ROTATIF directement obtenu, ce qui, au point de vue industriel, signifie : machines coûteuses de premier établissement et de marche onéreuses remplacées par la machine *à bon marché* et de dépense minime dans son fonctionnement, ce qui signifie encore, et nous appuyons sur ce fait, la transformation économique des locomotives, des machines de bateaux.

6° Enfin, les APPLICATIONS PHYSIQUES, dont le vaste champ ne peut être rappelé qu'en quelques mots dans cette conclusion.

C'est, *ad libitum*, chaleur ou fraîcheur dans toutes les maisons, hygiène et sécurité plus grande, c'est (application nouvelle) la chaleur en grand économiquement dispersée pour les besoins de l'agriculture. (Lire planche intitulée : Vapeur-Agriculture).

TABLE DES MATIÈRES

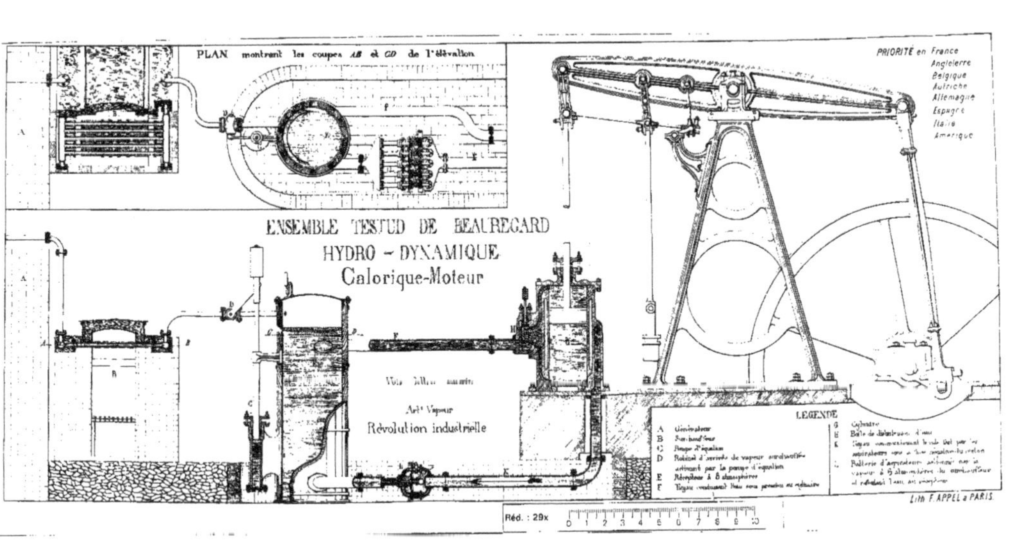
PLAN montrant les coupes AB et CD de l'élévation
ENSEMBLE TESTUD DE BEAUREGARD
HYDRO - DYNAMIQUE
Calorique-Moteur
Révolution industrielle
PRIORITÉ en France
Angleterre
Belgique
Autriche
Allemagne
Espagne
Italie
Amérique
LEGENDE
Lith F. APPEL à PARIS
Réd. : 29x

Réd. : 18x

ENSEMBLE TESTUD DE BEAUREGARD

Applications physiques

LEGENDE

A Conduite de vapeur

B Récipient dont l'eau échauffée et refoulée par l'aspirateur C, à travers le serpentin D, ajoute au liquide de la cuve E son excès en température, et revient au récipient B puiser dans l'aspiration, une nouvelle somme de calorique.

Priorité en France, Angleterre, Belgique, Autriche, Espagne, Allemagne, Italie, Amérique

A

B

E

D

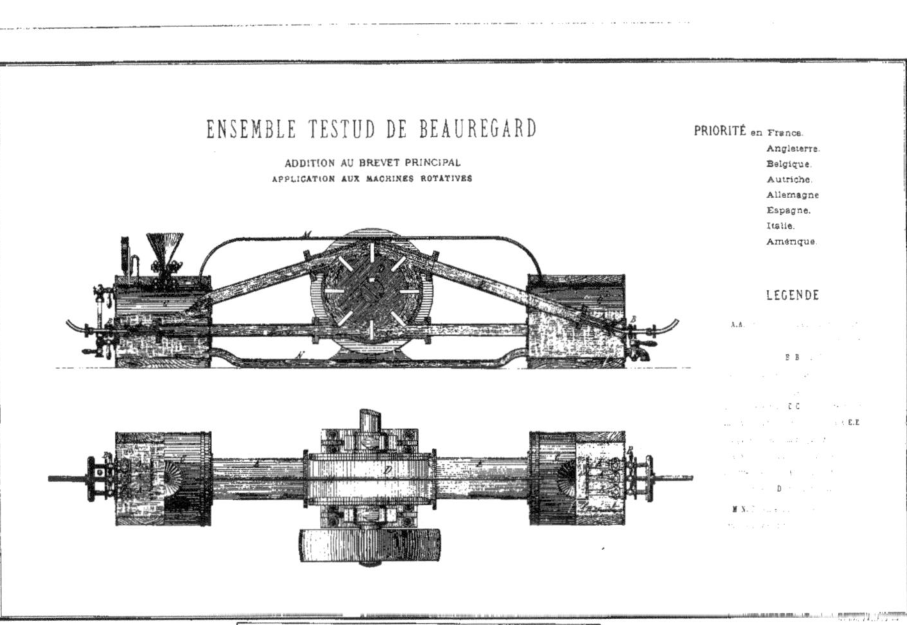
ENSEMBLE TESTUD DE BEAUREGARD
ADDITION AU BREVET PRINCIPAL
APPLICATION AUX MACHINES ROTATIVES
PRIORITÉ en France.
Angleterre.
Belgique.
Autriche.
Allemagne
Espagne.
Italie.
Amérique.
LEGENDE

Révolution In[illegible]strielle.

Vapeur – A[illegible]riculture

Les plaines chauffées, – n[illegible] récoltes doublées

S'appuyer sur des fait[illegible]écutables consacrés par l'expérience pour agrandir [illegible] aine connu est travail d'autant plus utile, que [illegible] s en sont les résultats.

On sait, et le cultiva[illegible]r plus qu'un autre, que la chaleur apportée factic[illegible]ent peut au point de vue agriculture, éclosion, germin[illegible], non remplacer le soleil, mais aider sa puissance vivifiante dans une très grande limite, en empruntant à ce dernier les deux éléments absents, lumière et électricité, qui avec le calorique constituent l'ensemble homogène du rayon solaire.

Les serres chaudes sont preuves irrécusables de ce qui vient d'être dit.

Si de l'enseignemen[illegible] nous passons à la réalisation pratique, demain champs et plaines subiront l'influence de ce nouvel acquis [illegible] l'observation du savoir.

Il y a plus de dix an[illegible]s, à propos d'engrais nous écrivions: un jour viendra, qu[illegible]us espérons proche, où l'engrais enrichi d'éléments [illegible]ilables sera approprié à l'essence de la plante à récolter [illegible] lyse nous conduit dans cette voie, sciemment alors [illegible] lerons la nature dans ses grands actes de synth[illegible]

Demain, avec la cha[illegible] déversé et l'engrais ad hoc, nous développerons les ressor[illegible] respondants, augmentant ainsi nos ressources matérielles [illegible] notre bien-être.

Solliciter de la terre [illegible]munération équitable ne sera plus dès lors que le juste [illegible]uivalent du travail accompli, des acquis amassés.

Pourquoi non, puisqu'aujourd'hui avec le Nouvel ensem. le thermo-dynamique, nous en avons effectivement économiquement la possibilité. Le cycle constant que no. avons décrit (voir Lettres Causeries) agira avec la isse propice au sein de nos jardins, de nos champs. s plaines. Les graines d'avance préparées, et malgré e ue, maître désormais de la germination, nous double peut-être nos saisons fructueuses. Quoi-qu'il en so ut avec certitude affirmer production plus promp plus grand rendement.

En minant citons a qui écrit M. Boursier ingénieur: voi lume La Révolution industrielle.

L rencontre aussi l'Agriculture pour des effets nouveaux et importants à exploiter: je veux parler de eaux souterrains dont la valeur peut nous toucher d'une façon saisissante, la possibilité d'activer les germi-nations et les croissances et par une savante combinaison augmenter certaines récoltes, les multiplier même. Ne voit-on pas ce que pourront obtenir sous nos yeux les maraîchers, ces grands dispe nsateurs de la vie matérielle, en sillonnant leurs champs et leurs plaines de conduites, faisant circuler de l'eau chaude tenue à si bon marché. La distribution de la chaleur s les racines, réveillant les sucs généreux engourdis dan s terres, les rayons solaires ne pouvant les atteindre fa temps. Je crois qu'en combinant l'action de la cha tificielle, transportée souterrainement aux pieds des s, avec celle naturelle des rayons solaires, ayant acé érieure, on obtiendra des effets étonnants et ce sur une te échelle. Nous en avons déjà des exem-ples obtenus p les moyens fort coûteux et qui nous procurent les légumes, les f leurs et les fruits en plein hiver"

Telle est la promesse dont le passé offre réelles garanties: pour cela il faut le calorique transmis avec promptitude, uniformément, approche ou proche et ainsi que l'écrit M. Boursier, la chaleur à bon marché.

Les deux problèmes sont résolus à l'aide d'un véhicule, l'eau, qui sous volume égal contient 225 fois plus de chaleur que la vapeur, qui parmi les fluides élastiques est celui qui en contient la plus grande proportion.

Donc : autour de chacun de nos tubes calorifiques est la vie végétale, rapide, puissante, économique, fructueuse.

Pour détails scientifiques et techniques, voir l'ouvrage publié sous le titre [illegible] évolution industrielle et pour tous autres renseignements, s'adresser au Bureau du Journal : Les Lettres-Causeries

162, rue Lafayette

www.ingramcontent.com/pod-product-compliance
Ingram Content Group UK Ltd.
Pitfield, Milton Keynes, MK11 3LW, UK
UKHW021147260726
13994UKWH00001B/338

9 782329 357133